高等职业院校电气类"新形态"教材

电气运行技术

主　编　张　争　段清川

副主编　张　炯　黄　蕾　朱华杰

　　　　刘姣姣　王卫卫　柳竹林

电子工业出版社

Publishing House of Electronics Industry

北京 · BEIJING

内容简介

"电气运行技术"是一门与发电厂、变电站实际工作紧密结合的专业技术课程。

本书遵照电气值班员国家职业技能标准，根据电气运行值班的典型工作任务，结合 110kV 仿真变电站，融入真实工作情景，满足"教、学、做、练"一体化需求，构建 5 个学习情景，分别为基础知识和安全教育、变电站运行监控、变电站电气设备巡视及维护、倒闸操作、异常及事故处理。本书对断路器、线路、母线、变压器等设备的倒闸操作，异常及事故处理的仿真案例进行了仿真实践，强化技能，为学生将来从事电气设备运行、检修、维护及管理等工作奠定必要的基础。

本书可作为高等职业院校电力技术类专业学生的教材，也可作为发电厂、变电站运维人员的学习资料和国家职业技能等级考试的培训用书，还可供相关工程技术人员参考。

图书在版编目（CIP）数据

电气运行技术 / 张争，段清川主编. -- 北京：电子工业出版社，2025. 2. -- ISBN 978-7-121-38357-1

Ⅰ. TM732

中国国家版本馆 CIP 数据核字第 20256TZ333 号

责任编辑：孙　伟
印　　刷：三河市华成印务有限公司
装　　订：三河市华成印务有限公司
出版发行：电子工业出版社
　　　　　北京市海淀区万寿路 173 信箱　　　邮编：100036
开　本：787×1092　　1/16　　印张：11.75　　字数：300.8 千字
版　次：2025 年 2 月第 1 版
印　次：2025 年 2 月第 1 次印刷
定　价：46.80 元

凡所购买电子工业出版社图书有缺损问题，请向购买书店调换。若书店售缺，请与本社发行部联系，联系及邮购电话：(010) 88254888，88258888。

质量投诉请发邮件至 zlts@phei.com.cn，盗版侵权举报请发邮件至 dbqq@phei.com.cn。

本书咨询联系方式：(010) 88254608，sunw@phei.com.cn。

前　言

习近平总书记强调，各级党委和政府要高度重视技能人才工作，大力弘扬劳模精神、劳动精神、工匠精神，激励更多劳动者特别是青年一代走技能成才、技能报国之路，培养更多高技能人才和大国工匠，为全面建设社会主义现代化国家提供有力人才保障。

为电力行业培养高素质人才的职业教育，要紧跟时代需要，为党育人，为国育才，培养学生成为以工匠精神为动力，以技能报国为志向的有理想、有本领的高技能人才。

本书根据电气运行值班的典型工作任务，对应电气值班员国家职业技能标准，广泛调研电力行业企事业单位，与电力生产现场专家讨论编写大纲，最终构建了 5 个学习情景，包括基础知识和安全教育、变电站运行监控、变电站电气设备巡视及维护、倒闸操作、异常及事故处理。本书遵循"工学结合、任务驱动"的理念，结合 110kV 仿真变电站，模拟工作场景，细化实训操作，实现以任务为导向的一体化教学，充分考虑学生的认知规律，调动学生的学习积极性，帮助学生熟悉真实工作内容和工作环境。

本书引入最新的电气运行规程，致力于工作任务的开展，在工作过程中获取专业知识和技能。本书内容与生产现场结合紧密，具有很好的针对性和可操作性，可以满足学生能力目标培养的要求。同时，本书将学生职业素养与职业道德的培养相结合，并将课程思政内容融入其中。

本书由长江工程职业技术学院张争和汉江水利水电（集团）有限公司水电公司段清川担任主编，由长江工程职业技术学院张炯、黄蕾、朱华杰、刘姣姣、王卫卫，武汉本物科技股份有限公司柳竹林担任副主编。

由于编者水平有限，书中难免存在不足之处，恳请广大读者予以指正。

目 录

学习情景一　基础知识和安全教育

"安全生产重于泰山""人民至上、生命至上"，电力是应用最为广泛的能源，电力安全攸关国计民生和国家安全。电气值班员作为电力行业的一线工作者，更要学习安全知识，掌握防护技术，强化安全意识，规范安全行为，遵守安全规章制度。

【学习目标】

知识目标

（1）了解电气运行的主要任务、电力系统的运行组织机构。

（2）了解电流对人体造成伤害的主要因素。

（3）掌握预防触电的措施和触电急救方法。

（4）了解安全工器具的类型。

能力目标

（1）熟悉电气系统的调度管理原则、电气运行的管理制度。

（2）具备判断触电类型和预防触电的能力。

（3）掌握不同安全工器具的日常维护与使用方法。

素质目标

（1）培养学生树立安全意识和法治观念，培养学生遵守行业规范的职业素养。

（2）培养学生树立以人为本、生命至上的生活态度和工作意识。

（3）培养学生主动思考、服从指挥、自我管理的能力。

【教学环境】

本学习情景建议在发电厂与变电站仿真实训室中进行一体化教学，机位要求：至少能满足每两个学生共同使用一台计算机，最好能为每个学生配备一台计算机。仿真系统相关资料、心肺复苏模拟人、安全工器具等实训设备应配备齐全。

知识点　电气运行概述

电力系统是指由生产电能的发电机、输送电能的变压器、分配电能的输配电线路及各种使用电能的电气设备连接在一起，并和继电保护、自动装置、调度自动化、通信等相应的辅助系统组成的统一体。

电气运行是指在各环节中，电气值班员（包括系统调度员）对电力系统的电气设备进行监视、控制、操作和调整，保障电气设备安全、经济、稳定运行，同时对电气设备运行状态进行分析，在出现异常报警及事故时，及时准确地进行处理，保证电力系统及各电气设备正常运行。

电气运行的定义

作为从事电气运行工作的电气值班员，必须熟知电气运行的特点，掌握并严格遵守电气运行的各种规章制度，确保电力系统安全、经济、稳定运行。

一、电气运行的主要任务

电气运行的主要任务是确保电力系统的安全、经济、稳定运行，满足社会生产过程中各种用户的用电需求。

电气运行的主要任务

1. 保证电力系统安全运行

电能是电力系统的产品，属于特殊商品。在电力系统中，电能的生产、输送、分配和使用是连续且同时进行的，整个过程处于动平衡状态，这种生产方式决定了电能供应必须要有很高的可靠性、连续性和稳定性。随着电网规模的不断扩大和电网中大机组的不断增多，电力系统的安全性显得更加重要。如果一个发电厂、一个变电站或电力系统中的一条联络线发生故障，则可能引起电力系统振荡，甚至造成整个电网瓦解等严重后果。所以，电气值班员一定要把电力安全生产放在第一位，保证发电厂、变电站及整个电力系统的安全运行，这是电气运行的基本要求和首要任务。

2. 保证电力系统经济运行

电力系统的经济运行是指应在电能的生产、输送、分配和使用过程的各个环节中，尽量降低电气运行及生产成本、流通损耗，做到节约用电。在保证电力系统安全运行的前提下，整个生产过程都要求在最经济的状况下进行。

发电部门应尽量降低燃料成本和厂用电率，降低每千瓦时电能的生产成本。

供电部门应做好计划用电、节约用电和安全用电，加强电网管理，降低电网损耗，并在社会上做好有关的宣传工作。

加强电网管理是降低电网损耗的主要手段。

分时计费制是有效的经济技术调节手段，在电能得到充分合理利用的同时，使电气设备均匀地运行，避免过负荷对电气设备的冲击危害。

除此之外，还应当加强技术管理，提高技术水平，采用经济运行方式，消除电气设备缺陷，杜绝事故的发生。

3. 保证电力系统稳定运行

电气运行的根本目标是保障电能的稳定输出，频率偏差、电压偏差等技术指标是衡量电能质量的重要指标。

我国电力系统的标称频率为 50Hz。《电能质量　电力系统频率偏差》（GB/T 15945—2008）中规定，在正常运行条件下，电力系统的频率偏差限值为±0.2Hz。当电力系统容量较小时，频率偏差限值可以放宽到±0.5Hz。

《电能质量　供电电压偏差》（GB/T 12325—2008）中规定，35kV 及以上供电电压正、负偏差绝对值之和不超过标称电压的 10%；20kV 及以下三相供电电压偏差为标称电压的±7%；220V 单相供电电压偏差为标称电压的+7%，−10%。

二、电力系统的运行组织机构

电力系统的运行组织机构

电力系统中设有各级运行组织和值班人员，分别担任系统中各部分的运行工作。

1. 电网调度机构

《电网调度管理条例》中规定，电网调度是指电网调度机构为保障电网的安全、经济、稳定运行，对电网运行进行的组织、指挥、指导和协调。电网调度机构是随着电网的发展而逐步健全的。目前，我国的电网调度机构分为五级，即国调、网调、省调、地调、县调。

（1）国调。国家电网调度机构简称国调，是电网运行的最高调度机构。它直接调度管理各跨省电网和各省级独立电网，并对跨大区域联络线，即相应变电站和起联网作用的大型发电厂实施运行和操作管理。

（2）网调。跨省、自治区、直辖市电网调度机构简称网调，是国调的下属电网调度机构。它负责区域性电网内各省间电网的联络线，即大量水、火电骨干电厂的直接调度管理。

（3）省调。省、自治区、直辖市级电网调度机构简称省调，是网调的下属电网调度机构。它负责本省 220kV 电网及并入本省 220kV 及以下电网的大中型水、火电厂的运行及操作管理，并接受网调的相关调度管理。

（4）地调。省辖市级电网调度机构简称地调，是省调的下属电网调度机构。它负责供电公司供电范围内的电网和大中型城市主要供电负荷的管理，监管地方电厂、企业自备电厂的并网运行。

（5）县调。县级电网调度机构简称县调。它负责本县城乡供配电网络及负荷的调度管理。

2. 发电厂、变电站运行值班单位

发电厂、变电站运行值班的每一个运行值（运行班）称为运行值班单位，实行"四班三倒"或"五班四倒"的轮换值班制度。

变电站运行值班单位由值班长、主值班员、副值班员、值班助手等组成。

采用主控制室方式的火力发电厂，运行值班单位由值长、电气值班长、汽轮机值班长、锅炉值班长、化学值班长及各值班员组成，其中电气值班长下设主值班员、副值班员、厂用电工、副厂用电工等。

3. 调度系统

调度指挥系统由发电厂、变电站运行值班单位（含变电站控制中心）及各级电网调度机构组成。电网的运行由电网调度机构统一调度。《电网调度管理条例》中规定，电网调度

机构调度管辖范围内的发电厂、变电站的运行值班单位，它们必须服从该级电网调度机构的调度。下级电网调度机构必须服从上级电网调度机构的调度。

电网调度机构的值班调度员在值班时间内是全系统运行中技术上的领导人，负责系统内的运行操作和事故处理，直接对系统内的发电厂、变电站的运行领导人发布命令。

值长在其值班时间内，是值班单位运行工作技术上的领导人，负责接受上级电网调度机构的指令，指挥运行操作、事故处理和调度技术管理。

三、电力系统的调度管理原则

电力系统的调度管理原则

（1）下级电网调度机构的值班调度员及厂站运行值班员，受上级电网调度机构值班调度员的调度指挥，接受上级电网调度机构值班调度员的调度指令。下级电网调度机构的值班调度员及厂站运行值班员应对其执行指令的正确性负责。

（2）进行调度业务联系时，必须使用普通话及调度术语，互报单位、姓名。严格执行下令、复诵、录音、记录和汇报制度，受令单位在接受调度指令时，受令人应主动复诵调度指令并与发令人核对无误，待下达发令时间后才能执行；指令执行完毕后应立即向发令人汇报执行情况，并以汇报完成时间确认指令已执行完毕。

（3）若下级电网调度机构的值班调度员或厂站运行值班员认为所接受的调度指令不正确，应立即向上级值班调度员提出意见，当上级值班调度员重复其调度指令时，下级电网调度机构的值班调度员或厂站运行值班员应按调度指令要求执行。当执行该调度指令确实将威胁人员、设备或电网的安全时，下级电网调度机构的值班调度员或厂站运行值班员可以拒绝执行，同时将拒绝执行的理由及修改建议上报给下达调度指令的值班调度员，并向本单位领导汇报。

（4）未经值班调度员许可，任何单位和个人不得擅自改变其调度管辖设备状态。对危及人员和设备安全的情况按厂站规程处理，但在改变设备状态后应立即向值班调度员汇报。

（5）调度许可设备在操作前应经上级电网调度机构值班调度员许可，操作完毕后应及时汇报。

（6）当电网调度机构调度管辖设备运行状态的改变对下级电网调度机构调度管辖的设备有影响时，操作前后应及时通知下级电网调度机构值班调度员。

（7）当电网运行设备发生异常或故障时，厂站运行值班员应立即向管辖该设备的值班调度员汇报情况。

（8）任何单位和个人不得干预调度机构值班人员下达或者执行调度指令，不得无故不执行或延误执行上级值班调度员的调度指令，值班调度员有权拒绝各种非法干预。

（9）当发生无故拒绝执行调度指令、违反调度纪律的行为时，有关电网调度机构应立即组织调查，依据有关法律法规和规定处理。

四、电气运行的管理制度

电气运行的管理制度是保障安全生产，维持正常的生产秩序，提高运行水平的重要管理制度，是每个厂站运行值班员在生产运行中的指导思想和行为准则。电气运行的管理制度主要有工作票制度、操作票制度、交接班制度、巡回检查与运行分析制度、设备定期试验与轮换制度等。

1. 工作票制度

工作票是批准在电气设备上工作的书面命令，也是明确安全职责，严格执行安全组织措施，向工作人员进行安全交底，履行工作许可、工作间断、工作转移和工作终结手续，实施安全技术措施等的书面依据。在电气设备上工作，必须按要求填写工作票。

正常情况下，凡在电气设备上的工作，均应填写工作票或按命令执行，这种制度称为工作票制度。工作票制度是保证工作人员在电气设备上安全工作的组织措施之一。为了确保现场工作人员的人身安全和设备安全，防止各类事故的发生，对运行或备用设备进行检修时，均应填写工作票。工作票分为第一种工作票和第二种工作票。

下列工作应填写第一种工作票。

① 高压设备上需要全部停电或部分停电的工作。

② 高压室内的二次接线和照明等回路上需要将高压设备停电或采取安全措施的工作。

下列工作应填写第二种工作票。

① 带电作业或带电设备外壳上的工作。

② 控制盘和低压配电盘、配电箱、电源干线上的工作。

③ 二次接线回路上无须将高压设备停电的工作。

④ 转动中的发电机励磁回路或高压电动机转子回路上的工作。

⑤ 非当值值班人员用绝缘棒给电压互感器定相或用钳形电流表测量高压回路电流的工作。

第二种工作票和第一种工作票的最大区别是，前者不需要将高压设备停电或装设遮栏。

2. 操作票制度

凡影响机组生产或改变电力系统运行方式的倒闸操作及机炉开、停等较复杂的操作项目，均必须填写操作票，这种制度称为操作票制度。操作票是安全、正确进行倒闸操作的根据，它把经过深思熟虑后制定的操作项目记录下来，从而使操作人员能够根据操作票面上填写的内容依次进行有条不紊的操作。为保证运行操作的准确可靠，防止误操作，运行操作时必须严格执行操作票制度。

3. 交接班制度

厂站运行值班员在进行交班和接班时应遵守有关规定和要求，这种制度称为交接班制度。

为保证机组的安全、经济运行，杜绝因交接不清造成的设备异常运行，应认真做好交接班工作。交接班制度主要规定厂站运行值班员在交接班时的职责和职权、交接班的内容、交接班的方法和顺序。

交接班要做到"五清四交接"，"五清"是指看清、讲清、听清、问清、点清；"四交接"是指站队交接、图板交接、现场交接、实物交接。

4. 巡回检查与运行分析制度

厂站运行值班员在值班期间，需对有关电气、机械设备及系统定时、定点、定专责进行全面检查，这种制度称为巡回检查制度。巡回检查是保证设备安全运行、及时发现和处理设备缺陷及隐患的有效手段，每个厂站运行值班员都应按各自的岗位职责，认真、按时执行巡回检查制度。

运行分析是一项确保电力系统安全、经济运行的重要工作，通过对运行参数、运行记录和设备运行状况的全面分析，及时采取相应措施，消除缺陷或提出防止事故发生的对策，并为设备技术改进、运行操作改进和合理安排运行方式提供依据。

5. 设备定期试验与轮换制度

设备定期试验与轮换制度主要包括各种设备的预防性试验、继电保护及安全自动装置的定期检验、设备的定期轮换要求。

电气设备必须严格按照《电力设备预防性试验规程》（DL/T 596—2021）和《继电保护和电网安全自动装置检验规程》（DL/T 995—2016）中规定的项目、周期进行试验或检验。

运行部门应掌握所辖设备的试验、定期检验（简称定检）周期表，以及年度和月度的设备试验、定检计划；应完整、齐全地保存设备试验、定检记录，并分类归档。

任务 1.1　安全用电与急救

【任务描述】

电力是现代社会的重要资源，它不仅要满足各个行业的生产需求，在人们的日常生活中也发挥着不可或缺的作用。与此同时，用电所带来的安全事故也时有发生，触电事故的发生次数也相应增多。触电后，无论是电击还是电伤，都会给人带来严重的伤害，甚至危及生命。本任务的目标是学习安全用电基本知识，掌握预防触电的措施，熟悉触电急救，增强安全生产意识，牢记生命至上理念。

【相关知识】

安全用电的意义

安全用电是指在用电过程中，采取一系列的措施和遵循相关的规范，以保障人员、设备和环境的安全，避免发生触电、电气火灾、设备损坏等事故。掌握安全用电的知识和技术，在用电过程中采取正确的防护措施，能够避免或减少电气事故的发生；事故发生以后，也可以最大限度降低损失。

一、触电的种类

触电是指人体触及带电体后，电流对人体造成的伤害。它有两种类型：电击和电伤。

1. 电击

电击是指电流通过人体时所造成的内伤。它可以使肌肉抽搐，内部组织损伤，造成发热发麻、神经麻痹，严重时会引起昏迷、窒息，甚至因心脏停止跳动而死亡。触电死亡大部分是由电击造成的。

2．电伤

电伤是指电流的热效应、化学效应、机械效应及电流本身作用造成的人体伤害。电伤会在人体皮肤表面留下明显的伤痕，常见的有电灼伤、电烙印和皮肤金属化等现象。

电伤

（1）电灼伤。

电灼伤有接触灼伤和电弧灼伤两种。接触灼伤发生在高压触电事故中，指电流在人体皮肤的进出口处造成的灼伤，灼伤处皮肤呈黄褐色，可波及皮下组织、肌肉、神经或血管，甚至使肌体组织炭化。由于伤及人体深层组织，因此伤口难以愈合，有的甚至需要几年才能结痂。

电弧灼伤一般发生在误操作或人体过分接近高压带电体而产生电弧放电时，这时高温电弧如同火焰一样把皮肤烧伤，被烧伤的皮肤将发红、起泡、烧焦或坏死。电弧还会使眼睛受到严重损害。

（2）电烙印。

电烙印发生在人体与带电体有紧密接触的情况下，皮肤表面将留下和被接触带电体形状相似的肿块痕迹，其有时并不在触电后立即出现，而是相隔一段时间后才出现。电烙印一般不发炎或化脓，但往往造成局部麻木和失去知觉。

（3）皮肤金属化。

电弧的温度极高（中心温度可达 6000～10000℃），可使其周围的金属熔化、蒸发并飞溅到皮肤表层而使皮肤金属化。金属化后的皮肤表面变得粗糙坚硬，肤色与金属种类有关，如灰黄（铅）、绿（紫铜）、蓝绿（黄铜）。如果受伤不重，金属化后的皮肤一段时间后会自行脱落，一般不会留下不良后果。

二、电流伤害人体的因素

电流对人体的危害程度与通过人体的电流强度、通电持续时间、电流的频率、电流通过人体的途径（部位）及触电者的身体状况等多种因素有关。

1．电流强度

通过人体的电流越大，人体的生理反应就越明显，感应就越强烈，引起心室颤动所需的时间就越短，致命的危害就越大。按照通过人体电流的大小和人体所呈现的不同状态，交流电大致分为下列三种。

① 感觉电流：引起人的感觉的最小电流，为 1mA。

② 摆脱电流：人体触电后能自主摆脱电源的最大电流，为 10mA。

③ 致命电流：在较短的时间内危及生命的最小电流，为 50mA。

以工业频率电流为例，当 1mA 左右的电流通过人体时，会产生麻、刺等不舒服的感觉；当 10～30mA 的电流通过人体时，会产生麻痹、疼痛、痉挛、血压升高、呼吸困难等症状，但通常不会有生命危险；当通过人体的电流达到 50mA 及以上时，就会引起心室颤动，有生命危险；100mA 以上的电流足以致人死亡。

2．通电持续时间

电流通过人体的持续时间越长，越容易引起心室颤动，触电的后果也越严重。一方面是由于通电持续时间越长，能量积累越多，较小的电流通过人体就可以引起心室颤动；另一方面是由于心脏在收缩与舒张的时间间隙（约 0.1s）内对电流最为敏感，通电持续时间越长，重合这段时间间隙的可能性就越大，引起心室颤动的可能性也就越大。此外，通电持续时间一长，电流的热效应和化学效应将会使人体出汗、肌体组织被电解，从而使人体电阻逐渐降低，流过人体的电流逐渐增大，使触电伤害更加严重。

3. 电流的频率

交流电的危险性高于直流电，因为交流电对人体造成的损害主要是麻痹、破坏神经系统，往往难以使人自主摆脱。一般认为 40～60 Hz 的交流电对人来说最危险。随着电流频率的增加，危险性将降低。当电流频率大于 2000 Hz 时，电流对人体造成的损害明显减小，故临床医疗上有利用高频电流进行理疗的情况，但电压较高的高频电流仍会使人触电致死，高压高频电流对人体仍然是十分危险的。

4. 电流通过人体的路径

电流通过头部可使人昏迷，通过脊髓可能导致瘫痪，通过心脏会造成心跳停止、血液循环中断，通过呼吸系统会造成窒息。一般认为，电流通过人体的心脏、肺部和中枢神经系统时的危险性比较高，特别是电流通过心脏时，危险性最高。因此，左手到胸部是最危险的电流路径，手到手、手到脚也是危险性较高的电流路径，脚到脚是危险性较小的电流路径。

5. 触电者的身体状况

人的性别、健康情况、精神状态等与触电伤害程度有着密切关系。试验研究表明，触电危险性的大小与触电者的身体状况有关。触电者的性别、年龄、健康状况和精神状态都会对触电后果产生影响。例如，一个患有心脏病、结核病、内分泌器官疾病的人，由于自身的抵抗力低下，会使触电后果更为严重。处在精神状态不良、心情忧郁或醉酒中的人，触电后的危险性也较高。相反，一个身心健康、经常从事体育锻炼的人，触电的后果相对来说会轻一些。妇女、老年人及体重较轻的人耐受电流刺激的能力相对弱一些，她（他）们触电的后果比青壮年男子更为严重。

6. 人体电阻

人体的不同部分（如皮肤、血液、肌肉及关节等）对电流呈现出一定的阻抗，即人体电阻。人体电阻由体内电阻和表皮电阻构成。体内电阻是指电流流过人体时，人体内部器官所呈现的电阻。它的数值相对稳定，约为 500～800Ω。表皮电阻指电流流过人体时，两个不同电击部位皮肤上和皮下导电细胞之间的电阻之和。

由于人体皮肤的角质外层具有一定的绝缘性能，因此，决定人体电阻大小的主要因素是皮肤的角质外层。人体皮肤角质外层的厚薄不同，电阻也不相同。一般情况下，当人体承受 50V 的电压时，人体皮肤角质外层的绝缘性能就会被缓慢破坏，几秒钟后接触点即产生水泡，从而加速破坏干燥皮肤的绝缘性能，使人体电阻降低。电压越高，人体电阻降低得越快。此外，人体出汗、身体有损伤、环境潮湿、接触带有能导电的化学物质、精神状态不良等情况都会使人体电阻显著下降。

据测量和估计，一般情况下人体电阻在 2kΩ～20MΩ 范围内。在皮肤干燥的情况下，当接触电压为 100～300V 时，人体电阻大约为 1000～2000Ω。在计算和分析时，为保险起见，人体电阻通常取值为 800～1000Ω。

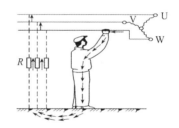
常见的触电方式

三、常见的触电方式

1. 单相触电

当人体直接触碰带电设备或线路的一相带电体时，电流通过人体而发生的触电现象称为单相触电。这种触电事故约占总触电事故的 75% 以上。

① 中性点直接接地的单相触电。

当人体接触一根相线时，人体承受 220V 的相电压，电流经人体→大地→中性点接地→中性点形成闭合回路，如图 1-1 所示，触电后果比较严重。

② 中性点不接地的单相触电。

当人体接触一根相线时，电流经人体→大地→线路→对地绝缘电阻（空气）和分布电容形成两条闭合回路，如图 1-2 所示。如果线路的绝缘性能良好，空气阻抗、容抗很大，人体承受的电流就比较小，一般不会发生危险；如果线路的绝缘性能不好，危险性就较高。

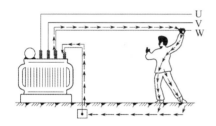

图 1-1　中性点直接接地的单相触电

图 1-2　中性点不接地的单相触电

2. 两相触电

人体同时接触电源的两根相线而引起的触电叫作两相触电，如图 1-3 所示。当人体同时接触两根相线时，电流经一根相线→人体→另一根相线→中性点形成闭合回路，380V 线电压直接作用于人体，触电电流达 300mA 以上。两相触电的后果比单相触电严重得多。

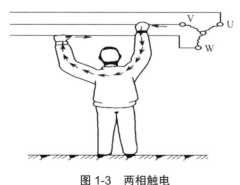

图 1-3　两相触电

3. 跨步电压触电

发生接地故障时，在接地点周围电位分布区（以电流入地点为圆心，半径为 20m 的范围内）行走的人，其两脚将处于不同的电位，两脚之间（一般人的跨步距离约为0.8m）的电位差称为跨步电压。人体受到跨步电压作用时，电流从一只脚到另一只脚与大地形成闭合回路，由此引起的触电称为跨步电压触电，如图1-4所示。

必须指出，跨步电压触电还可发生在一些其他场合，如架空导线接地故障点附近或导线断落点附近、避雷接地装置附近地面等。

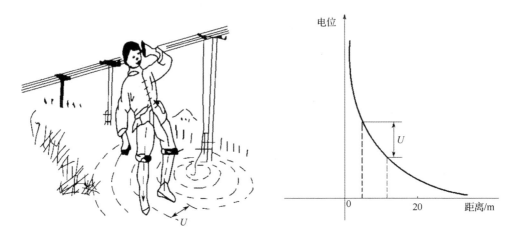

图 1-4　跨步电压触电

4. 雷击触电

雷雨云会对地面突出物产生放电，雷击触电是一种特殊的触电方式。雷击感应电压高达几十至几百万伏，其能量可摧毁建筑物，使可燃物燃烧，把电力线和用电设备击穿、烧毁，造成人身伤亡，危险性极高。目前，一般通过避雷设施将强大的电流引入地下，以避免雷电的危害。

四、预防触电的措施

预防触电的措施

预防触电的措施根据人体触电的情况分为直接触电防护和间接触电防护两类。直接触电防护指对直接接触正常带电部分的防护，间接触电防护指对故障时可带危险电压而正常时不带电的外露可导电部分的防护。

1. 直接触电防护

（1）绝缘。

绝缘是指用绝缘材料把带电体封护或隔离起来，借以隔离带电体或不同电位的导体，使电流能按一定的通路流通，保证电气设备及线路正常工作，防止触电事故发生。

良好的绝缘是保证电气设备和线路正常运行的必要条件。瓷、玻璃、云母、橡胶、木材、胶木、塑料、布、纸和矿物油等都是常用的绝缘材料。应当注意的是，很多绝缘材料受潮后会丧失绝缘性能，或在强电场作用下遭到破坏，从而丧失绝缘性能。

（2）屏护。

屏护是指采用遮栏、护罩、护盖、箱闸等将带电体同外界隔绝开来的安全防护措施。

屏护的特点是屏护装置不直接与带电体接触，对所用材料的电气性能无严格要求，但应有足够的机械强度与良好的耐火性能。

① 屏护装置的分类。

屏护装置按使用要求分为永久性屏护装置与临时性屏护装置。前者包括配电装置的遮栏、开关的罩盖等，后者包括检修工作中使用的临时屏护装置与临时设备的屏护装置等。

屏护装置按使用对象分为固定屏护装置与移动屏护装置。例如，母线的护网属于固定屏护装置；跟随天车移动的天车滑线屏护装置属于移动屏护装置。

② 屏护装置的应用。

屏护装置主要用于电气设备不便于绝缘或绝缘不足以保证安全的场合，如开关电器的可动部分（如闸刀开关的胶盖、铁壳开关的铁壳等），人体可能接近或触及的裸线、行车滑线、母线等，无论是否有绝缘的高压设备，安装在人体可能接近或触及场所的变配电装置。

在带电体附近作业时，作业人员与带电体之间、过道、入口等处应装设可移动的临时屏护装置。

（3）间距措施。

为了防止人体触及或接近带电体，避免车辆、工具触碰或过于接近带电体，防止火灾、过电压放电和各种短路事故发生，带电体与地面之间、带电体与带电体之间、带电体与人体之间、带电体与其他设施（设备）之间均应保持安全距离，这一安全措施称为间距措施。安全距离的大小由电压的高低、设备的类型及安装方式等因素决定，如表 1-1 所示。

表 1-1　安全距离

	电压等级/kV	设备不停电时的安全距离/m	人员工作时的安全距离/m
交流电	10 及以下	0.70	0.35
	20、35	1.00	0.60
	66、110	1.50	1.50
	220	3.00	3.00
	330	4.00	4.00
	500	5.00	5.00
	750	7.20	8.00
	1000	8.70	9.50
直流电	±50 及以下	1.50	1.50
	±500	6.00	6.80
	±660	8.40	9.00
	±800	9.30	10.10

注 1：对于表中未列出的电压等级，采用高一档电压等级对应的安全距离。

　2：13.8kV 采用 10kV 对应的安全距离。

2. 间接触电防护

（1）保护接地。

在变压器中性点（或一根相线）不直接接地的电网内，一切电气设备正常情况下不带电的金属外壳及和它连接的金属部分，均可以与大地进行可靠的电气连接。

采取保护接地措施后，当人触及带电外壳时，由于人体电阻与接地装置的电阻并联，人体电阻为 800～1000Ω，而接地装置的电阻小于 4Ω，因此大部分电流通过接地装置流走了，仅一小部分电流通过人体，大大降低了人身触电危险，如图 1-5 所示。

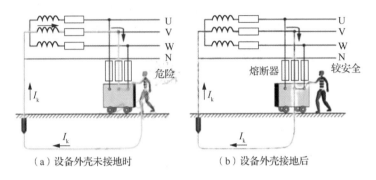

（a）设备外壳未接地时 　　　（b）设备外壳接地后

图 1-5　保护接地措施原理图

（2）保护接零。

为防止因电气设备绝缘损坏而使人身遭受触电的危险，将电气设备的金属外壳和底座与电力系统的中性线相连接，称为保护接零措施，如图 1-6 所示。

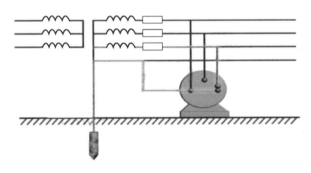

图 1-6　保护接零措施原理图

五、触电急救处理

人触电以后，会出现神经麻痹、呼吸困难、血压升高、昏迷、痉挛，直至呼吸中断、心脏停止跳动等现象，呈现昏迷不醒的状态。如果未见明显的致命外伤，就不能轻率地认定触电者已经死亡，而应该将其看作"假死"，施行急救。

触电者能否获救，关键在于能否迅速脱离电源和获得正确的急救。经验证，若触电者在触电后 1 分钟内获得急救，则有 60%～90%的可能被救活；若触电者在触电后 1～2 分钟内获得急救，则有 45%左右的可能被救活；若触电者在触电后 6 分钟左右获得急救，则只有 10%～20%的可能被救活；若触电者获得急救的时间超过 6 分钟，则被救活的可能性就更小了。

1. 触电急救的基本原则

触电急救的基本原则可简单记为"迅速、就地、准确、坚持"。

迅速脱离电源。当电源开关离施救者很近时，应立即切断电源；当电源开关离施救者较远时，可用绝缘手套或木棒将触电者与电源分离。当导线搭在触电者的身上或被触电者压在身下时，可用干燥木棍及其他绝缘物体将电源线挑开。

就地急救处理。当触电者脱离电源后，尽快就地进行急救。只有在现场对施救者的安全存在威胁时，才需要把触电者转移到安全地方再进行急救，但不能等到把触电者长途送往医院后再进行急救。

准确地使用人工呼吸。如果触电者神志清醒，仅心慌、四肢麻木，应让他安静休息。

坚持抢救。坚持就是触电者复生的希望，即使只有 1% 的希望，也要尽 100% 的努力。

2. 触电急救的流程

触电急救的流程如图 1-7 所示。

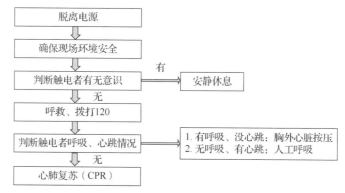

图 1-7　触电急救的流程

3. 脱离电源

电流对人体的作用时间越长，对生命的威胁便越大。所以，触电急救的首要任务是使触电者迅速脱离电源。可根据具体情况，选用下面几种方法使触电者脱离电源。

（1）脱离低压电源的方法。

脱离低压电源的方法可用"拉"、"切"、"挑"、"拽"和"垫"五个字来概括，如图 1-8 所示。

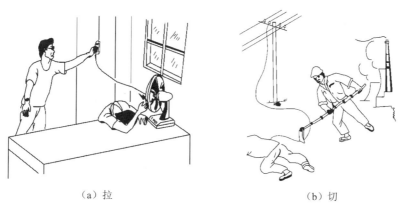

（a）拉　　　　　　　　　　　　　　　（b）切

图 1-8　脱离低压电源的方法

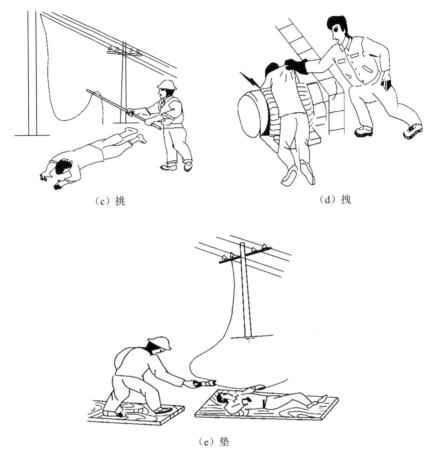

（c）挑　　　　　　　　　　　（d）拽

（e）垫

图 1-8　脱离低压电源的方法（续）

"拉"，指就近拉开电源开关、拔出插销或瓷插保险。此时应注意，对于单极开关，如拉线开关，只能断开一根导线，有时由于安装不符合规程要求，单极开关被安装在零线上。这时虽然断开了开关，但人身触及的导线可能仍然带电，不能认为已切断电源。

"切"，指用带有绝缘手柄的利器切断电源线。当电源开关、插座或瓷插保险距离触电现场较远时，可用带有绝缘手柄的电工钳或有干燥木柄的斧头、铁锹等利器将电源线切断。切断时应防止带电导线断落触及周围的人。多芯绞合线应分相切断，以防短路伤人。

"挑"，如果导线搭落在触电者身上或被触电者压在身下，则可用干燥的木棒、竹竿等挑开导线，也可用干燥的绝缘绳套拉导线或触电者，使之脱离电源。

"拽"，施救者可戴上手套或在手上包缠干燥的衣服、围巾、帽子等绝缘物品拖拽触电者，使之脱离电源。如果触电者的衣裤是干燥的，又没有紧缠在身上，则施救者可直接用一只手抓住触电者不贴身的衣裤，将触电者拉离电源，但要注意拖拽时切勿触及触电者的身体。施救者也可站在干燥的木板、木桌椅或橡胶垫等绝缘物品上，用一只手把触电者拉离电源。

"垫"，如果触电者由于痉挛而手指紧握导线或导线缠绕在其身上，则施救者可先将干燥的木板塞进触电者身下，通过使其与地绝缘来隔断电源，再采取其他办法把电源切断。

（2）脱离高压电源的方法。

由于高压装置的电压等级高，一般绝缘物品不能保证施救者的安全，而且高压电源开关距离现场较远，不便拉闸。因此，使触电者脱离高压电源的方法与脱离低压电源的方法有所不同，通常采取的做法如下。

① 立即用电话或其他通信工具通知有关供电部门拉闸停电。

② 若电源开关离触电现场不太远，则可戴上绝缘手套，穿上绝缘靴，拉开高压断路器，或用绝缘棒拉开高压跌落保险以切断电源，如图1-9所示。

③ 往架空线路抛挂裸金属软导线，如图1-10所示，人为造成线路短路，迫使继电保护装置动作，从而使电源开关跳闸。抛挂前，将裸金属软导线的一端固定在铁塔或接地引线上，另一端系重物。抛掷裸金属软导线时，应注意防止电弧伤人或断线危及人员安全，也要防止重物砸伤人。

④ 如果触电者触及断落在地上的带电高压导线，且尚未确认线路无电，则施救者不可进入断线落地点8～10m的范围内，以防跨步电压触电。进入该范围的施救者应穿上绝缘靴或临时双脚并拢、跳跃地接近触电者。在触电者脱离带电导线后，应迅速将其带至8～10m以外并立即开始急救。只有在确认线路已经无电的情况下，才可在触电者离开触电导线后就地进行急救。

图1-9 切断电源

图1-10 抛挂裸金属软导线

【任务实施】

在心肺复苏模拟人（见图1-11）上模拟进行现场急救。

触电者脱离电源后，应立即就地进行急救。根据触电者受伤害的轻重程度，现场急救有以下几种急救措施。

1. 触电者未失去知觉时的急救措施

如果触电者所受的伤害不太严重，神志尚清醒，则应立即将其送往医院，或使触电者在通风暖和的处所静卧休息，并派人严密观察，同时请医生前来诊治。

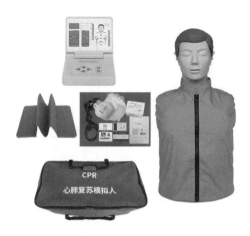

图 1-11　心肺复苏模拟人

2. 触电者已失去知觉（心肺功能正常）时的急救措施

如果触电者已失去知觉，但呼吸和心跳尚正常，则应立即将其送往医院，或使其舒适地平卧着，解开衣服以利呼吸，四周不要围人，保持空气流通，冷天应注意保暖，同时立即请医生前来诊治。若发现触电者呼吸困难或心跳异常，应立即对其进行人工呼吸或胸外心脏按压。

3. 对"假死"者的急救措施

当触电者呈现"假死"状态，即电休克时，可能有三种临床症状：一是心跳停止，但尚能呼吸；二是呼吸停止，但心跳尚存（脉搏很弱）；三是呼吸和心跳均已停止。"假死"症状的判定方法是"看""听""试"，如图 1-12 所示。"看"是指观察触电者的胸部、腹部有无起伏动作；"听"是指用耳贴近触电者的口鼻处，听其有无呼气声音；"试"是指用手或小纸条测试口鼻有无呼吸的气流，再用两手指轻压喉结一侧（左或右）凹陷处的颈动脉，感觉有无脉搏。根据"看""听""试"的结果，即可判定触电者的状态。

图 1-12　判定"假死"症状的"看""听""试"

当判定触电者呼吸和心跳停止时，应立即按心肺复苏法就地进行急救。所谓心肺复苏法，是指抢救生命的三项基本措施，即通畅气道、口对口（鼻）人工呼吸、胸外心脏按压（人工循环）。

（1）通畅气道。

若触电者呼吸停止，则首要的是确保气道通畅，其操作要领如下。

① 清除口中异物。

使触电者仰面躺在平硬的地方，解开其领扣、围巾、紧身衣和裤带。若发现触电者口内有食物、假牙、血块等异物，可将其身体及头部同时侧转，用一个手指或两个手指交叉从口角处插入，从口中取出异物，操作中要注意防止将异物推到咽喉深处。

② 采用抬头举颏法通畅气道。

操作时，施救者将一只手放在触电者前额，另一只手的手指将其下颌向上抬起，两手协同将头部推向后仰，舌根自然随之抬起、气道即可畅通，如图 1-13 所示。为使触电者头部后仰，可于其颈部下方垫适量厚度的物品，但严禁将枕头或其他物品垫在触电者头下，因为头部被抬高前倾会阻塞气道，还会使进行胸外心脏按压时流向脑部的血量减小，甚至完全消失，如图 1-14 所示。

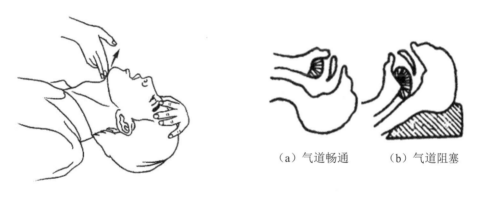

（a）气道畅通　　（b）气道阻塞

图 1-13　抬头举颏法　　　　　　　　　　图 1-14　气道状况

（2）口对口（鼻）人工呼吸。

施救者在完成通畅气道的操作后，应立即对触电者实施口对口或口对鼻人工呼吸，如图 1-15 所示。人工呼吸的操作要领如下。

图 1-15　口对口人工呼吸

① 先大口吹气刺激起搏。

施救者蹲跪在触电者的左侧或右侧，用放在触电者额上的手指捏住其鼻翼，另一只手的食指和中指轻轻托住其下巴，施救者深吸气后，与触电者口对口紧合，在不漏气的情况下，先连续大口吹气两次，每次持续 1～1.5s，然后用手指测试触电者颈动脉是否有搏动。若仍无搏动，则可判断心跳确已停止，在实施人工呼吸的同时应进行胸外心脏按压。

② 正常口对口人工呼吸。

大口吹气两次测试颈动脉搏动后，立即转入正常的口对口人工呼吸阶段。正常的吹气频率是每分钟约 12 次。正常的口对口人工呼吸操作姿势与大口吹气时的姿势一致。吹气量无须过大，以免引起胃膨胀。若触电者是儿童，吹气量宜小些，以免肺泡破裂。施救者换气时，应将触电者的鼻或口放松，使其凭借自身胸部的弹性自动吐气。施救者在吹气和放松时，要注意触电者胸部有无起伏的呼吸动作。若吹气时有较大的阻力，可能是头部后仰角度不够，应及时纠正，使气道保持通畅。

③ 若触电者牙关紧闭，可改用口对鼻人工呼吸。

吹气时，要将触电者嘴唇紧闭，防止漏气。

（3）胸外心脏按压。

胸外心脏按压是借助人力使触电者恢复心跳的急救方法。其有效性在于选择正确的按压位置和采取正确的按压姿势、恰当的按压频率。

① 正确的按压位置。

右手的食指和中指沿触电者的右侧肋弓下缘向上，找到肋骨和胸骨接合处的中点。右手两手指并齐，中指放在切迹中点（剑突底部），食指平放在胸骨下部，左手的掌根紧挨食指上缘置于胸骨上，掌根处即为正确的按压位置，如图 1-16 所示。

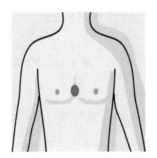

图 1-16　正确的按压位置

② 正确的按压姿势。

使触电者仰面躺在较硬的地方并解开其衣服，仰卧姿势与口对口（鼻）人工呼吸时的姿势相同。施救者立或跪在触电者一侧肩旁，两肩位于触电者胸骨正上方，两臂伸直，肘关节固定不屈，两手掌相叠，手指翘起，不接触触电者胸壁；以髋关节为支点，利用上身的重力，垂直将正常成人胸骨压陷 4～5cm（儿童和瘦弱者酌减）；压至要求程度后，立即全部放松，但施救者的掌根不得离开触电者的胸壁。

按压姿势与用力方法如图 1-17 所示，按压有效的标志是按压后可以触到触电者的颈动脉搏动。

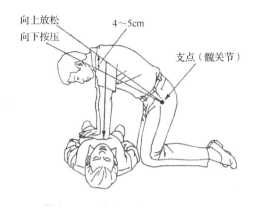

图 1-17 按压姿势与用力方法

③ 恰当的按压频率。

胸外心脏按压要以均匀速度进行。操作频率以每分钟 100 次为宜，每次操作包括按压和放松一个循环，按压和放松的时间相等。

当胸外心脏按压与口对口（鼻）人工呼吸同时进行时，操作的节奏如下：单人急救时，每按压 15 次后吹气 2 次（15∶2），反复进行；双人急救时，每按压 15 次后由另一人吹气 1 次（15∶1），反复进行。

4. 现场急救的注意事项

（1）急救过程中应适时对触电者进行再判定。

① 按压吹气 1 分钟（相当于单人急救时做了 4 个 15∶2 循环）后，应采用"看""听""试"方法在 5～7s 内完成对触电者是否恢复自然呼吸和心跳的再判断。

② 若判定触电者已有颈动脉搏动，但仍无呼吸，则可暂停胸外心脏按压，进行 2 次口对口人工呼吸，接着每隔 5s 吹气一次（相当于每分钟 12 次）。如果脉搏和呼吸仍未能恢复，则继续坚持采用心肺复苏法进行急救。

③ 在急救过程中，要每隔数分钟用"看""听""试"方法再判定一次触电者的呼吸和脉搏情况，每次判定时间不得超过 5～7s。在医务人员未前来接替急救前，现场人员不得放弃现场急救。

（2）急救过程中移送触电者时的注意事项。

① 心肺复苏应在现场就地坚持进行，不要因图方便而随意移动触电者，若确有需要移动，急救中断时间不应超过 30s。

② 移动触电者或将其送往医院时，应使用担架并在其背部垫以木板，不可让触电者身体蜷曲着进行搬运。移送途中应继续急救，在医务人员未接替救治前不可中断急救。

【任务成果】

1．提交在心肺复苏模拟人上进行胸外心脏按压和人工呼吸练习的训练记录。

2．提交对触电急救的心得体会。

【任务评价】

本任务的完成情况体现了学生对触电急救相关知识和技能的掌握程度，请根据任务完成情况填写表 1-2。

表 1-2　触电急救任务完成情况评价表

序号		考核项目或标准	评价结果		
			组员自评	小组互评	教师评价
1	实施过程	安全用电相关知识的学习情况			
		触电急救技能的掌握情况			
		胸外心脏按压和人工呼吸技能的掌握情况			
2	职业素质	安全作业情况			
		工作状态情况			
		团队协作情况			
3	任务成果	胸外心脏按压和人工呼吸操作熟练、过程正确			
		对胸外心脏按压和人工呼吸的认识深刻、条理清晰			

注：评价结果分为 A（优秀）、B（良好）、C（中等）、D（合格）、E（加油）5 个等级。

【思考提高】

1．简述心肺复苏法的技术要领。

2．如何避免触电？

任务 1.2　安全工器具的认识和使用

【任务描述】

在电力系统中，为顺利完成电气运行工作中的任务且不发生人身事故，操作者必须携带和使用各种安全工器具。安全工器具是用来直接保障电力工作人员人身安全的基本用具，正确选择、维护、使用安全工器具是防止发生触电、电弧灼伤、坠落、摔跌等人身伤亡事故的重要手段。本任务旨在使学生掌握安全工器具的相关知识，全面了解各类安全工器具的功能、特点、适用场景，正确识别各种安全工器具，并在仿真系统中正确、熟练地使用安全工器具，为工作任务的完成打好安全保障基础。

【相关知识】

安全工器具是防止触电、坠落、电弧灼伤等工伤事故发生，保障电力工作人员人身安全的各种专用工具和用具，是电力作业中必不可少的。安全工器具可分为绝缘安全用具和一般防护安全用具两大类。绝缘安全用具又可分为基本安全用具和辅助安全用具。基本安全用具能长期承受工作电压，并能在产生过电压时保障电力工作人员的人身安全。辅助安全用具不能承受电气设备或线路的工作电压，只能起加强基本安全用具的保护作用，主要用来防止接触电压、跨步电压对电力工作人员造成伤害，不能直接接触高压电气设备的带电部分。

一、绝缘安全用具

1. 基本安全用具

基本安全用具是指绝缘强度大，能长时间承受电气设备的工作电压，能直接用来操作带电设备或接触带电体的用具。常用的基本安全用具有绝缘棒、绝缘夹钳、验电器等。

1）绝缘棒

绝缘棒又称绝缘杆、操作棒，如图 1-18 所示。其主要用于闭合或断开高压隔离开关、跌落式熔断器、柱上油断路器，安装和拆除临时接地线等。除此之外，其还可用于放电操作，处理带电体上的异物，以及进行高压测量、试验等。因此，绝缘棒必须具有良好的绝缘性能和足够的机械强度。

绝缘棒由工作部分、绝缘部分、护环及手握部分组成，如图 1-19 所示。

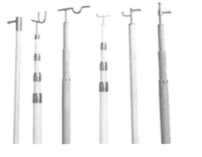

图 1-18　绝缘棒

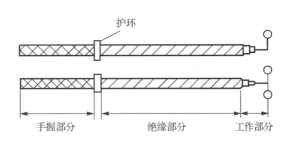

图 1-19　绝缘棒的结构

工作部分一般用金属制成，其长度较短，为 5～8cm。若工作部分过长，则在操作中容易引起相间短路或接地短路。绝缘部分与手握部分之间用护环隔开，绝缘部分由浸过绝缘漆的木材、硬塑料、胶木制成，绝缘部分和手握部分的最小长度可根据电压等级和使用场所来确定，如表 1-3 所示。

表 1-3　绝缘棒绝缘部分和手握部分的最小长度

额定电压/kV	室内使用		室外使用	
	绝缘部分/m	手握部分/m	绝缘部分/m	手握部分/m
10 及以下	0.70	0.35	1.10	0.40
35 及以下	1.10	0.40	1.40	0.60

绝缘棒的使用与管理要求如下。

① 使用前，应检查绝缘棒是否处在有效期，绝缘棒表面是否完好，各部分连接是否可靠。

② 操作前，应用清洁的干布将绝缘棒表面擦拭干净，使绝缘棒表面干燥、清洁。

③ 操作时，手握部位不得越过护环。

④ 绝缘棒的规格必须符合被操作设备的电压等级。

⑤ 为防止因绝缘棒受潮而产生较大的泄漏电流，在使用绝缘棒拉合隔离开关和断路器时，必须戴绝缘手套。

⑥ 雨天室外使用绝缘棒时，应在绝缘棒上安装防雨罩，戴绝缘手套，穿绝缘鞋（靴）。

⑦ 当接地网的接地电阻不符合要求时，晴天操作也应穿绝缘鞋（靴），以防止接触电压、跨步电压对人体造成伤害。

2）绝缘夹钳

绝缘夹钳是用来安装和拆卸高压熔断器或完成其他类似工作的工具，如图 1-20 所示，主要用于 35kV 及以下的电力系统。

绝缘夹钳由钳口（工作部分）、绝缘部分、护环及手握部分组成，如图 1-21 所示。各部分所用材料与绝缘棒相同。绝缘部分和手握部分的最小长度可根据电压等级和使用场所来确定，如表 1-4 所示。

图 1-20　绝缘夹钳

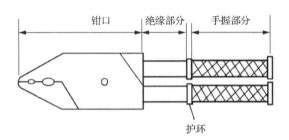

图 1-21　绝缘夹钳的结构

表 1-4　绝缘夹钳绝缘部分和手握部分的最小长度

电压等级/kV	室内使用		室外使用	
	绝缘部分/m	手握部分/m	绝缘部分/m	手握部分/m
10 及以下	0.45	0.15	0.75	0.20
35 及以下	0.75	0.20	1.20	0.20

绝缘夹钳的钳口必须要保证能夹紧高压熔断器。使用绝缘夹钳的注意事项如下。

① 使用前，应测试其绝缘电阻，并保持钳体无损，表面清洁、干燥。

② 使用时，钳口上不允许装接地线，防止因接地线晃荡而造成接地短路和触电事故。

③ 使用时，操作人员应戴护目眼镜、绝缘手套，穿绝缘鞋（靴）或站在绝缘胶垫或绝缘台上，手握绝缘夹钳时，要精力集中，保持平衡。必须在切断负载的情况下使用绝缘夹钳。

④ 雨天在室外操作时，应使用带有防雨罩的绝缘夹钳。

⑤ 绝缘夹钳应放置在室内干燥、通风良好的地方，以防受潮，不用时要防止磨损。

⑥ 绝缘夹钳的定期试验周期为每年一次。

3）验电器

（1）高压验电器。

高压验电器是检验高压电气设备、电器、线路是否带电的一种专用安全用具，如图 1-22

所示。当断开设备电源进行检修时，必须先用高压验电器验明设备确实无电后，方可进行工作。

高压验电器的正确使用方法和注意事项如下。

① 必须使用与被验设备电压等级一致的合格高压验电器。验电前，应先将高压验电器在带电的设备上验电，或按下高压验电器的自检开关，以验证高压验电器是否良好，再在被验设备进出线两侧逐相验电。当验明被验设备无电后，需复核高压验电器，查看其是否良好。

② 验电时，应戴绝缘手套，高压验电器应逐渐靠近带电部分，直到氖灯发亮为止。高压验电器不要立即直接触及带电部分。

③ 验电时，高压验电器不应装接地线，只有遇到在木梯、木杆上验电，不接地不能正确指示的情况时，才可装接地线。

④ 验电时，应注意被测试部位各方向的邻近带电体电场的影响，防止误判断。

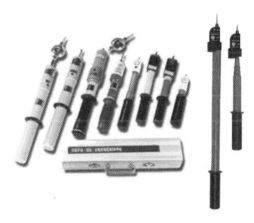

图 1-22 高压验电器

（2）低压验电器。

低压验电器又称试电笔或验电笔，是一种检验低压电气设备、电器或线路是否带电的用具，可以用它来区分相线和中性线。

2. 辅助安全用具

辅助安全用具是指绝缘强度不足以承受电气设备或线路的工作电压，而只能加强基本安全用具的保护作用，用来防止接触电压、跨步电压、电弧灼伤对电力工作人员造成伤害的用具。不能用辅助安全用具直接接触高压电气设备的带电部分。

（1）绝缘手套。

绝缘手套可使人的两手与带电体绝缘，是防止因同时触及不同极性带电体而触电的安全用具，如图 1-23 所示。它是辅助安全用具，不能直接接触高压电气设备。

使用绝缘手套的注意事项如下。

① 使用前，应检查绝缘手套有无漏气或裂口等缺陷。

② 戴绝缘手套时，应将外衣袖口放入绝缘手套的伸长部分。

③ 绝缘手套不得挪作他用；普通的医用手套、化验用手套不能代替绝缘手套。

④ 绝缘手套使用完毕后，应擦净、晾干，撒上一些滑石粉以免粘连，并放在通风、阴凉的柜子里。

（2）绝缘鞋（靴）。

绝缘鞋（靴）是在任何电压等级的电气设备上工作时，用来与地保持绝缘的辅助安全用具，也是防止跨步电压触电的基本安全用具，如图1-24所示。绝缘鞋（靴）由特种橡胶制成。

使用绝缘鞋（靴）的注意事项如下。

① 绝缘鞋（靴）要放在柜子内，并应与其他工具分开放置。

② 绝缘鞋（靴）应每半年进行一次定期试验，以保证其安全、可靠。

图1-23　绝缘手套　　　　　　　　图1-24　绝缘鞋（靴）

（3）绝缘胶垫。

绝缘胶垫是一种辅助安全用具，一般铺在配电室的地面上，以便增强电力工作人员在带电操作断路器或隔离开关时的对地绝缘，防止电力工作人员受到接触电压与跨步电压的伤害，如图1-25所示。也可将绝缘胶垫铺在低压断路器附近的地面上，用以代替绝缘鞋（靴）。当电压为1kV以下时，绝缘胶垫可作为基本安全用具使用；当电压为1kV以上时，绝缘胶垫仅可作为辅助安全用具使用。

绝缘胶垫应每两年进行一次定期试验。试验标准：对于工作在1kV以上电压下的绝缘胶垫，试验电压为15kV，试验时间为1min；对于工作在1kV以下电压下的绝缘胶垫，试验电压为5kV，试验时间为1min。

（4）绝缘台。

绝缘台是一种用来代替绝缘胶垫或绝缘鞋（靴）的辅助安全用具，如图1-26所示。绝缘台的台面一般用干燥、木纹直且无节的木板拼成，板间留有一定的缝隙（不大于2.5cm）以便于检查绝缘脚（绝缘瓷瓶）是否有短路或损坏，同时可节省木材，减轻质量。台面尺寸一般不小于75cm×75cm，不大于150cm×100cm。台面用4个绝缘脚支撑。为了防止在绝缘台上操作时造成颠覆或倾倒，要求台面的边缘不伸出绝缘脚外。绝缘脚的长度不小于10cm。

绝缘台可用于室内或室外的一切电气设备。当在室外使用时，应将其放在坚硬的地上，附近不应有杂草，以防绝缘脚陷入泥或草中，降低其绝缘性能。

绝缘台也可用35kV以上的高压支持瓷瓶作脚。由于绝缘台具有较高的绝缘水平，因此可将其用作雨天需要在室外进行倒闸操作时的辅助安全用具。

绝缘台的试验电压为40kV，试验时间为2min，一般每3年进行一次定期试验。

图 1-25　绝缘胶垫

图 1-26　绝缘台

二、一般防护安全用具

一般防护安全用具是指本身没有绝缘性能，但可以防止工作人员发生事故的用具。这种安全用具主要用于防止检修设备时误送电，防止工作人员走错隔间、误登带电设备，保证人与带电体之间的安全距离，防止电弧灼伤、高空坠落等。一般防护安全用具虽然不具有绝缘性能，但对防止工作人员发生伤亡事故是必不可少的。属于一般防护安全用具的有安全带，安全帽，携带型接地线，行灯、防毒面具和护目镜，临时遮栏，标示牌等。此外，登高用的梯子、脚扣、站脚板等也属于一般防护安全用具的范畴。

1. 安全带

安全带是防止高处作业人员发生坠落的安全用具。安全带由皮革、帆布或化纤材料制成，有一定的拉力，不允许用一般的绳带代替安全带。它广泛用于发电、供电、火（水）电建设和电力机械修造部门。

2. 安全帽

安全帽是用来保护使用者头部或减缓外来物体冲击伤害的个人防护用品，广泛应用于电力系统生产、基建修造等工作场所，预防高处坠落物体（如器材、工具等）对人体头部的伤害，如图 1-27 所示。高处作业人员及地面上的配合人员都应戴安全帽。

3. 携带型接地线

携带型接地线由用于短路各相和接地极的多股软铜线、将多股软铜线固定在各相导电部分和接地极上的专用线夹组成，如图 1-28 所示。一般要求多股软铜线的截面积不小于 25mm^2。当对高压停电设备进行检修或其他工作时，为了防止高压停电设备突然来电和邻近高压带电设备对停电设备所产生的感应电压对人体造成伤害，需用携带型接地线将高压停电设备已停电的三相电源短路并接地，同时将高压停电设备上的残余电荷对地释放掉。

装设携带型接地线时，必须先接接地端，后接导体端，且必须接触良好；拆除携带型接地线的顺序与装设携带型接地线的顺序相反。

图1-27 安全帽　　　　　　　　　　　　图1-28 携带型接地线

4. 行灯、防毒面具和护目镜

（1）行灯是电气工作及其他作业中经常使用的手提照明灯，如图1-29所示。为防止触电事故的发生，《电业安全工作规程　第1部分：热力和机械》（GB 26164.1—2010）中规定，行灯电压不应超过36V，在周围均是金属导体的场所和容器内工作时，不应超过24V，在潮湿的金属容器内、有爆炸危险的场所（如煤粉仓、沟道内）、脱硫烟道系统等处工作时，不应超过12V。行灯变压器的外壳应可靠接地，不准使用自耦变压器。

（2）防毒面具用在变配电所及工厂的正常工作、事故抢修与灭火工作中，可以避免工作人员接触有害气体，保障工作人员的人身安全，如图1-30所示。需要注意的是，使用防毒面具时应有人监护。

（3）在维护电气设备或进行检修工作时，为保护工作人员的眼睛不受电弧灼伤，以及防止灰尘、铁屑等杂物落入人眼内，必须使用护目镜（见图1-31）。

图1-29 行灯　　　　　　　　图1-30 防毒面具　　　　　　　图1-31 护目镜

5. 临时遮栏

临时遮拦是用来防止工作人员意外碰触或过分接近带电体而造成触电事故的一种防护安全用具，也可将其作为工作位置与带电设备之间安全距离不够时的安全隔离装置使用。

临时遮栏可由干燥木材、橡胶或其他坚韧绝缘材料制成。临时遮栏应装设牢固，上面必须有"止步，高压危险！"等字样，以提醒工作人员注意。

6. 标示牌

标示牌用于警告工作人员，不得接近设备的带电部分；提醒工作人员在工作地点采取安全措施；表明禁止向某设备合闸送电；指出为工作人员准备的工作地点等。

根据用途不同，标示牌可分为警告类、允许类、提示类、禁止类，共 4 类。标示牌的悬挂和拆除必须按照《电业安全工作规程 第 1 部分：热力和机械》中的规定进行。

严禁工作人员在工作过程中移动或拆除临时遮栏、携带型接地线和标示牌。

【任务实施】

识别实训室中的安全工器具，分析各安全工器具的类别、作用、试验周期等技术参数；在 110kV 仿真变电站上进行安全工器具操作练习，特别是验电、挂地线、挂标示牌等重要操作。110kV 仿真变电站的操作说明见附录 A。

【任务成果】

1．提交安全工器具的观察记录清单。
2．提交在 110kV 仿真变电站上操作安全工器具的记录。

【任务评价】

本任务的完成情况体现了学生对安全工器具相关知识和技能的掌握程度，请根据任务完成情况填写表 1-5。

表 1-5　安全工器具的认识和使用完成情况评价表

序号	考核项目或标准		评价结果		
			组员自评	小组互评	教师评价
1	实施过程	安全工器具相关知识的学习情况			
		安全工器具操作任务的完成情况			
2	职业素质	安全作业情况			
		工作状态情况			
		团队协作情况			
3	任务成果	安全工器具操作任务：动作熟练、过程正确			
		安全工器具操作记录：记录完整、条理清晰			

注：评价结果分为 A（优秀）、B（良好）、C（中等）、D（合格）、E（加油）5 个等级。

【思考提高】

1．说明验电器的使用方法和注意事项。
2．说明拆装携带型接地线的正确步骤。

学习情景二　变电站运行监控

变电站是电力系统中重要的枢纽和中间环节，承担着电能输送、变换、分配和控制等重要任务，其安全运行关系到所在地区电力供应的可靠性和稳定性。在变电站运行过程中，由于负荷、环境、设备、操作等各种复杂因素的影响，变电站的运行工况极有可能瞬息万变。只有通过变电站运行监控，掌握各设备的运行工况和电网的潮流分布情况，才能保证变电站的稳定运行，及时发现异常并进行处理。

【学习目标】

知识目标

1．熟悉变电站的分类。
2．掌握变电站的整体布置。
3．熟悉 110kV 仿真变电站的电气主接线。
4．了解常规变电站的运行监控内容。
5．了解变压器等主要设备的运行监控内容。

能力目标

1．能分析各电压等级的电气主接线正常运行方式。
2．能分析变电站的电气运行方式。
3．能运行监控各线路电压、电流等潮流信息。
4．能运行监控变压器等主要设备。

素质目标

1．培养学生积极学习、交流合作的能力。
2．培养学生树立严格遵守相关规程的工作意识。

【教学环境】

本学习情景建议在发电厂与变电站仿真实训室中进行一体化教学，机位要求：至少能满足每两个学生共同使用一台计算机，最好能为每个学生配备一台计算机。仿真系统相关资料、线上教学课程及相应的多媒体课件等教学资源应配备齐全。

知识点　变电站的分类与整体布置

一、变电站的分类

1. 按照在电力系统内的重要程度分类

按照变电站在电力系统内的重要程度不同，可将变电站分为系统枢纽变电站、地区变电站、终端变电站，如图 2-1 所示。

变电站按照在电力系统内的重要程度分类

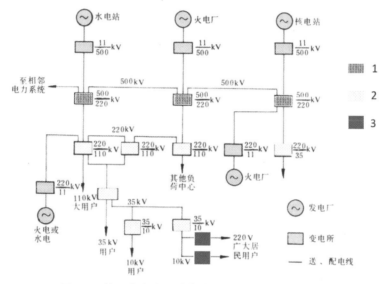

图 2-1　按照在电力系统内的重要程度分类的变电站

（1）系统枢纽变电站。

图 2-1 中标记为 1 的是系统枢纽变电站。系统枢纽变电站位于电力系统的枢纽点，其电压是系统最高输电电压。目前，系统枢纽变电站的电压等级为 220kV、330kV（仅西北电网）、500kV 或更高。系统枢纽变电站连成环网，其停电后，将引起电力系统解列，甚至使整个电力系统瘫痪，因此对系统枢纽变电站的可靠性要求较高。系统枢纽变电站的主变容量大、供电范围广。

（2）地区变电站。

地区变电站又分为地区一次变电站和地区二次变电站。地区一次变电站位于地区网络的枢纽点，是与输电主网相连的地区受电端变电站；地区二次变电站连接地区一次变电站与地区负荷。地区一次变电站的任务是直接从输电主网受电，向本供电区域供电。地区一次变电站停电后，可引起地区电网瓦解，影响整个区域供电。地区一次变电站的电压等级一般为 110～220kV，主变容量较大，出线回路数量较多，对供电的可靠性要求也比较高。地区二次变电站直接向本地区负荷供电，供电范围小，主变容量与台数根据电力负荷而定。地区二次变电站停电后，只有本地区中断供电。图 2-1 中标记为 2 的是地区变电站，其中最高电压为 110kV 及以上的为地区一级变电站，其他为地区二级变电站。

（3）终端变电站。

图 2-1 中标记为 3 的为终端变电站。终端变电站位于输电线路终端，接近负荷点，经降压后直接向终端用户供电。终端变电站停电后，只有终端用户停电。

2. 按照设备布置方式分类

按照设备布置方式不同，可将变电站分为室外变电站、室内变电站、地下变电站、集成式智能变电站、箱式变电站、移动变电站等，如图 2-2 所示。

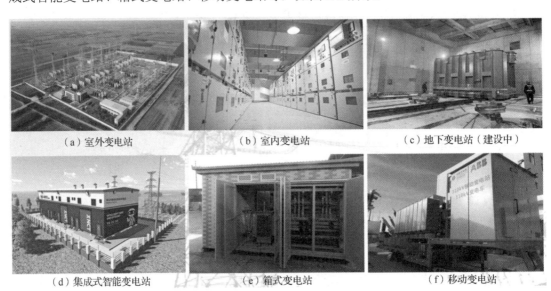

（a）室外变电站　　　　　　（b）室内变电站　　　　　　（c）地下变电站（建设中）

（d）集成式智能变电站　　　　（e）箱式变电站　　　　　　（f）移动变电站

图 2-2　按照设备布置方式分类的变电站

（1）室外变电站。

室外变电站的特点是除了控制设备、直流电源设备等放在室内，变压器、断路器、隔离开关等主要设备均布置在室外。

（2）室内变电站。

室内变电站中的主要设备均放在室内，减少了总占地面积，但建筑费用较高。

（3）地下变电站。

对于人口和工业高度集中的大城市来说，城市用电量大，建筑物密集，将变电站设置在城市大型建筑物、道路、公园的地下，可以减少占地。尤其是随着城市电网改造的发展，位于城区的变电站乃至大型枢纽变电站将更多采用地下变电站。地下变电站多数为无人值班变电站。

（4）集成式智能变电站。

集成式智能变电站是将所有设备集成在一个钢结构体内的标准结构站。工厂预制、现场组装，严格按照国家结构站标准设计和建设，不受变压器规模、容量、电压等级限制。集成式智能变电站的智能化程度高，无人值守，所有部件全部通用，后期维护、扩建方便，具有占地少、全封闭，无噪声、无辐射，维护少、寿命长，省工期、无土建四大特点。

（5）箱式变电站。

箱式变电站是将变压器、高压断路器、低压电气设备及其相互的连接和辅助设备紧凑组合，以一定方式集中布置在一个或几个密闭的箱壳内。箱式变电站由工厂设计和制造，结构紧凑、占地少、安装方便、工期短，但是自动化程度、安全性及稳定性不高，变压器规模、容量受限制，关键部件只有少数厂家可以生产，后期维护不方便。

（6）移动变电站。

移动变电站是指将变电设备安装在车辆上，以满足临时或短期用电场所的需要。

二、变电站的整体布置

变电站的
整体布置

1. 配电装置

变电站的整体布置由其配电装置类型决定，而配电装置是电气主接线的具体工程实施，是变电站的重要组成部分，它是按电气主接线的要求，由开关电器、载电流导体和必要的辅助设备所组成的电工建筑物。按照电气设备安装地点不同，可将配电装置分为户内配电装置和户外配电装置两种；按组装的方式不同，可将配电装置分为装配式配电装置和成套配电装置两种。

以 110kV 仿真变电站为例介绍变电站的配电装置布局。如图 2-3 所示，110kV 仿真变电站左侧 a 位置布置的是 35kV 配电装置；110kV 仿真变电站上方 b 位置布置的是 110kV 配电装置与 2 台主变；110kV 仿真变电站中部 c 位置布置的是户内 10kV 配电装置与二次设备；110kV 仿真变电站下方 d 位置布置的是 3 组 10kV 电容器静止补偿装置。

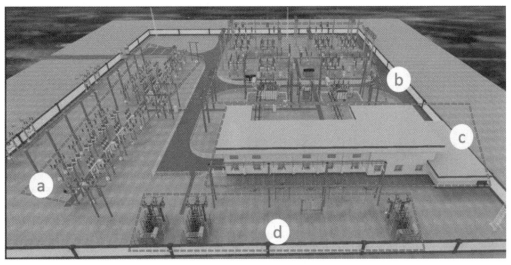

图 2-3　110kV 仿真变电站配电装置布局

在该仿真变电站中，110kV 及 35kV 侧配电装置采用户外、装配式配电装置，如图 2-4 所示。在 10kV 侧配电装置中，除了补偿电容器组安装在户外，其他设备采用户内、成套式配电装置，如图 2-5 所示。

2. 安全净距

为了满足配电装置运行和检修的需要，各带电设备应相隔一定的距离。《高压配电装置设计规范》（DL/T　5352—2018）中规定了户内外配电装置的最小安全净距。

安全净距

所谓安全净距，是指以保证不放电为前提，该级电压所允许的空气中物体边缘之间的最小电气距离，如表 2-1 所示。

图 2-4 110kV 仿真变电站户外配电装置

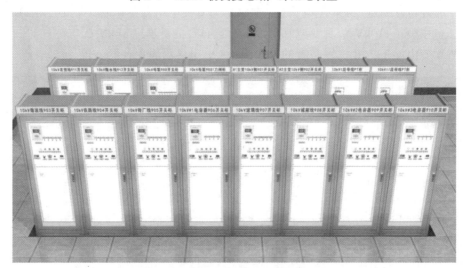

图 2-5 110kV 仿真变电站 10kV 户内配电装置

表 2-1 配电装置的安全净距

电压等级/kV	相对地距离（A1 值）/mm	相间/断口距离（A2 值）/mm
1～10	200	200
20	300	300
35	400	400
110（直接接地系统）	900	1000
110（非直接接地系统）	1000	1100
220（直接接地系统）	1800	2000
500（直接接地系统）	3800	4300

安全净距不仅可以保证配电装置正常运行的绝缘需要，还可以保证运行人员的安全。由此可见，变电站的占地面积与其电压等级的数量、电压的高低密切相关。

任务 2.1　变电站正常运行方式核对

【任务描述】

变电站运行方式包括站内电气设备、电气主接线、继电保护和自动装置、直流系统、站用变压器等的运行方式和状况。正常运行方式对电力系统的安全、可靠、灵活和经济运行至关重要。本任务旨在使学生在 110kV 仿真变电站电气主接线图的基础上，熟悉变电站的一次设备配置情况，并在仿真系统中进行正常运行方式核对。

【相关知识】

电气主接线有多种典型形式，在实际运行中，每一种形式都有对应的固定运行方式。所谓电气主接线运行方式，是指电气主接线中各电气设备实际所处的工作状态（运行状态、备用状态、检修状态）及其相互连接的方式。该运行方式分为正常运行方式和允许运行方式。

电气主接线的正常运行方式是指正常情况下，当全部设备按固定连接方式投运时，电气主接线经常采用的运行方式，包括母线及进、出线回路的运行方式和中性点的运行方式两方面。电气主接线的正常运行方式确定后，母线及进、出线回路的运行方式和中性点的运行方式也随之确定，且继电保护和自动装置的投入也随之确定。由于电气主接线的正常运行方式是综合考虑各种因素和实际情况而确定的，因此正常运行方式一旦确定，任何人不得随意改变。

电气主接线的允许运行方式是指在事故处理、设备发生故障或需进行检修时，电气主接线所采用的运行方式。由于事故处理、设备故障和设备检修具有随机性，因此变电站的允许运行方式有多种，可以根据运行的实际情况进行具体的安排和调整。

一、变电站的电气主接线

一次设备是指发电机、变压器、断路器、隔离开关、电抗器、电容器、互感器、避雷器等电气设备，以及将它们连接在一起的高压电缆与母线。

变电站的电气主接线

电气主接线是指发电厂或变电站的一次设备按其功能要求连成的用于表示电能的生产、汇集和分配的电气主回路电路，也称电气一次接线、电气主电路，其作用如下。

（1）电气主接线是运行人员进行各种操作和事故处理的重要依据。

（2）电气主接线表明了变压器、断路器等电气设备的数量、规格、连接方式及可能的运行方式。

（3）电气主接线直接关系着全站电气设备的选择、配电装置的布置、继电保护和自动装置的确定，是变电站电气部分投资的决定性因素。

电气主接线可分为有汇流母线接线和无汇流母线接线两大类。其中，有汇流母线接线可分为单母线接线与双母线接线等；无汇流母线接线可分为多角形接线、桥形接线、单元及扩大单元接线等。

变电站电气主接线的常见形式是单母线接线。其可分为单母线不分段接线、单母线分段接线、单母线分段带旁路接线。下面重点介绍单母线分段接线。

二、单母线分段接线

单母线分段接线

单母线分段接线如图 2-6 所示，其优点是接线简单清晰、设备少、操作方便、投资少、便于扩建。采用单母线分段接线后，当某段母线发生故障时，仅该段母线停止工作，其他各段母线可以继续工作。相比单母线不分段接线，其提高了供电可靠性。单母线分段接线的缺点是与双母线接线等形式的电气主接线相比较时，其可靠性与灵活性仍然较差，当某段母线或母线隔离开关发生故障或需进行检修时，该段母线上所有支路均会断开，停电范围较大。因此，单母线分段接线适合用于出线回路不太多的情况，如 4～8 回路，且应视电压高低与负荷大小而定。

单母线分段接线常用的运行方式有以下三种。

（1）并列运行：分段断路器闭合，其两侧隔离开关闭合，电源和负荷均衡地分配在两段母线上，以使两段母线上的电压均衡和通过分段断路器的电流最小。

（2）分裂运行：分段断路器热备用，每个电源只向接至本段母线上的负荷供电，当任意一个电源发生故障时，该电源支路断路器自动跳闸，由备自投装置（备用电源自动投入装置）自动接通分段断路器，以保证向全部引出线继续供电。

（3）备用模式：当某一电源检修或故障时，通过闭合分段断路器，由另一电源为两段母线供电。通常作为电源检修或临时故障时的应急供电方案。

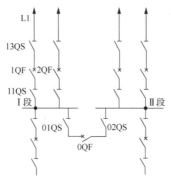

图 2-6　单母线分段接线

【任务实施】

110kV 仿真变电站的
一次接线

110kV 仿真变电站的电气主接线图如图 2-7 所示，在仿真系统中，对 110kV 仿真变电站正常运行方式进行核对。

110kV 仿真变电站采用两台三绕组变压器供电，有 110kV、35kV、

10kV 三个电压等级，均采用单母线分段接线形式。其中 110kV 侧有 4 回路出线，35kV 侧有 6 回路出线，10kV 侧有 7 回路出线。图 2-7 中还标有一些数据，如电压、电流、有功功率和无功功率，这些数据表示的是线路的潮流大小。

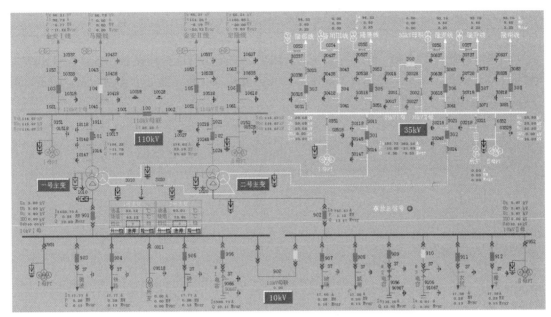

图 2-7　110kV 仿真变电站的电气主接线图

一、#1、#2 主变正常运行方式

如图 2-8 所示，110kV 和 35kV 侧绕组采用的是星形接线，10kV 侧绕组采用的是三角形接线。在正常的运行工况下，110kV 系统的运行方式是中性点直接接地，由#1 主变[①]经 1010 隔离开关实现；35kV 系统的运行方式是中性点经消弧线圈接地，由#2 主变经 3020 隔离开关实现。

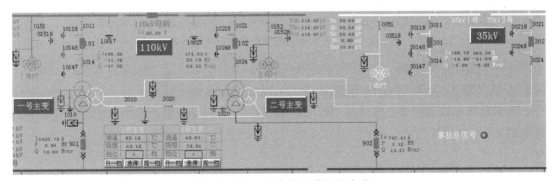

图 2-8　#1、#2 主变正常运行方式

除了调度要求，110kV、35kV 系统任何时候都必须保持至少有一台主变中性点接地，

[①] 110kV 仿真变电站中有一号主变、1#主变、1 号主变、#1 号主变多种说法，考虑到实际应用中的常用说法，书中统一描述为"#1 主变"。相应地，二号主变、#2 主变在书中统一描述为"#2 主变"。

当某系统分成两个系统（两段母线分开运行）时，必须保证每段母线上有一台主变中性点接地。当主变的 110kV 侧、35kV 侧中某侧空载运行时，该侧的中性点也必须接地。35kV 系统严禁将两台变压器中性点同时接在同一台消弧线圈上。

二、110kV 系统的电气主接线正常运行方式

如图 2-9 所示，110kV 系统的电气主接线采用的是单母线分段接线形式，有 110kV Ⅰ 母[①]和 110kV Ⅱ 母。在正常的运行工况下，110kV 母联 100 断路器处于合闸状态，两条母线并列运行，110kV 备自投装置投入。

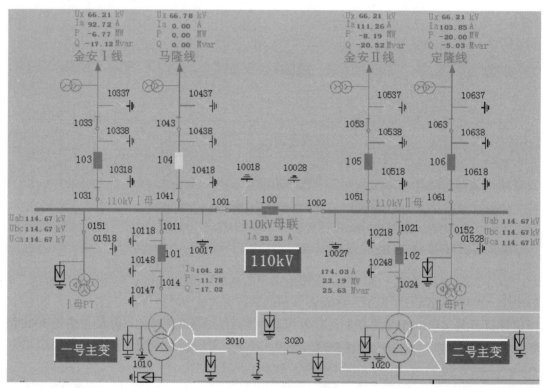

图 2-9　110kV 系统的电气主接线正常运行方式

金安 Ⅰ 线 103 断路器、马隆线 104 断路器、#1 主变 110kV 侧 101 断路器接在 110kV Ⅰ 母上运行。其中，马隆线 104 断路器断开，马隆线处于热备用状态。

金安 Ⅱ 线 105 断路器、定隆线 106 断路器、#2 主变 110kV 侧 102 断路器接在 110kV Ⅱ 母上运行。

三、35kV 系统的电气主接线正常运行方式

如图 2-10 所示，35kV 系统的电气主接线也采用单母线分段接线形式，有 35kV Ⅰ 母和 35kV Ⅱ 母。在正常的运行工况下，35kV 母联 300 断路器处于分闸状态，35kV 备自投装置投入。

---

① 110kV Ⅰ 母指 110kV Ⅰ 母线。同理，110kV Ⅱ 母、35kV Ⅰ 母、35kV Ⅱ 母、10kV Ⅰ 母、10kV Ⅱ 母分别指 110kV Ⅱ 母线、35kV Ⅰ 母线、35kV Ⅱ 母线、10kV Ⅰ 母线、10kV Ⅱ 母线。

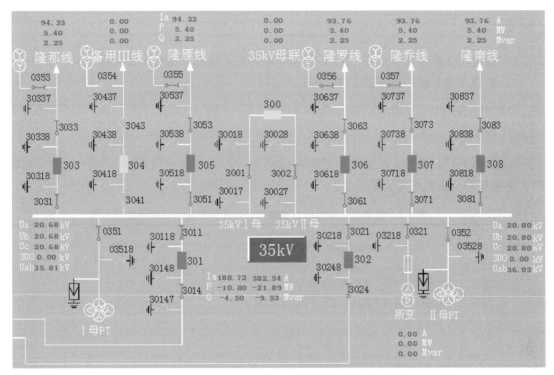

图 2-10　35kV 系统的电气主接线正常运行方式

隆雁线 305 断路器、隆那线 303 断路器、#1 主变 35kV 侧 301 断路器接在 35kV Ⅰ 母上运行。其中，备用Ⅲ线 304 断路器断开，处于冷备用状态。

隆罗线 306 断路器、隆乔线 307 断路器、隆南线 308 断路器、#2 主变 35kV 侧 302 断路器接在 35kV Ⅱ 母上运行。除此之外，还有 1 台 35kV 所变接在 35kV Ⅱ 母上。

四、10kV 系统的电气主接线正常运行方式

如图 2-11 所示，10kV 系统的电气主接线采用的也是单母线分段接线形式，有 10kV Ⅰ 母和 10kV Ⅱ 母。10kV 母联 900 断路器在分闸状态时备自投装置投入，共接有 7 回路出线、3 组 10kV 电容器静止补偿装置（#1 电容、#2 电容、#3 电容），以及 1 台 10kV 所变（供站内用电）。

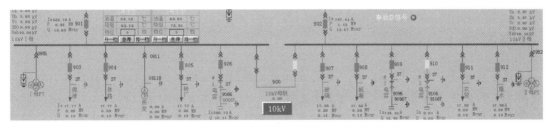

图 2-11　10kV 系统的电气主接线正常运行方式

微波 903 断路器、铁路 904 断路器、砖厂 905 断路器、#1 电容 906 断路器运行在 10kV Ⅰ 母上，玻璃 907 断路器、城厢 908 断路器、#2 电容 909 断路器、#3 电容 910 断路器、农贸 911 断路器、隆水 912 断路器运行在 10kV Ⅱ 母上。

【任务成果】

1. 提交在仿真系统中进行 110kV 仿真变电站正常运行方式核对的操作记录。
2. 制作并填写运行监控记录表。

【任务评价】

本任务的完成情况体现了学生对变电站正常运行方式核对相关知识和技能的掌握程度，请根据任务完成情况填写表 2-2。

表 2-2　变电站正常运行方式核对操作任务完成情况评价表

序号	考核项目或标准		评价结果		
			组员自评	小组互评	教师评价
1	实施过程	变电站正常运行方式核对相关知识的学习情况			
		变电站正常运行方式核对操作任务的完成情况			
2	职业素质	安全作业情况			
		工作状态情况			
		团队协作情况			
3	任务成果	变电站正常运行方式核对操作任务：动作熟练、过程正确			
		变电站正常运行方式核对操作记录：记录完整、条理清晰			

注：评价结果分为 A（优秀）、B（良好）、C（中等）、D（合格）、E（加油）5 个等级。

【思考提高】

1. 中性点运行方式有哪些？
2. 不同的中性点运行方式各有什么特点？
3. 确定电气主接线的运行方式时，应遵守哪些原则？

任务 2.2　110kV 仿真变电站运行监控

【任务描述】

运行监控是日常运行工作的主要组成部分，通过对主控室控制屏上各种表计、开关位置指示灯和光字牌的监控，可随时掌握变电站一次、二次设备的运行状态及电网潮流分布情况。运行监控必须指定有资格的人员负责，并随时记录相关内容的变化情况，同时按要求向调度（上级调度管理部门）汇报。本任务旨在使学生在了解变电站运行监控内容的基础上，能在仿真系统中进行变电站运行监控，并记录变电站运行监控数据。

【相关知识】

一、常规变电站的运行监控内容

常规变电站的运行监控内容包括电气设备在额定运行方式下的主要参数及状况，具体如下。

（1）各级母线的电压、频率。

（2）各线路的电压、电流、有功功率、无功功率及潮流方向。

（3）主变有载分接开关位置、油温，以及各侧电流、有功功率、无功功率。

（4）主变的功率因数和电容器投切情况。

（5）直流系统的电压、电流和绝缘情况。

（6）光字牌的亮牌情况。

（7）开关的位置指示灯状况。

（8）预告信号电源指示灯状况。

（9）站用电系统运行方式。

二、综合自动化变电站的运行监控内容

综合自动化变电站的运行监控采用以微机监控系统为主、人工为辅的监控方式，对综合自动化变电站内的日常信息进行监控，以达到掌握综合自动化变电站一次、二次设备运行状态及电网潮流分布情况，保证综合自动化变电站正常运行的目的。

综合自动化变电站的运行监控内容包括电气设备在额定运行方式下的主要参数及状况，具体如下。

（1）电气主接线及一次设备的运行情况。

（2）检查站内各种安全措施的到位情况。

（3）主变的油温、负荷情况。

（4）主变分接开关的运行位置。

（5）继电保护及自动装置的运行情况。

（6）各级母线的电压。

（7）各线路的电流、有功功率、无功功率、潮流方向。

（8）光字牌信息变位情况。

（9）对事故音响、预告音响进行试验检查。

（10）本站微机网络（包括与测控装置、保护装置、五防计算机之间的通信）的运行情况。

（11）直流系统的电压、电流及绝缘情况。

（12）主变的功率因数和电容器投切情况。

（13）站用电系统运行方式。

（14）告警报文发出及复归情况。

【任务实施】

根据《电力变压器运行规程》（DL/T 572—2021）等相关标准，对照 110kV 仿真变电站各电气设备的技术规范，在仿真系统中对 110kV 仿真变电站进行运行监控。

一、主变运行监控

变压器是变电站中最重要的设备，根据《电力变压器运行规程》中的规定，在变电站运行过程中，需要对变压器进行日常巡视检查和特殊巡视检查。

1. 变压器的运行电压

由于电力系统的运行电压随负荷的变化而波动，因此电力系统中的变压器不可能严格控制在额定电压下运行。当变压器的运行电压升高时，励磁电流会相应增大，变压器因铁损耗增大而过热。同时，由于变压器的励磁电流是无功电流，因此励磁电流的增大会使无功功率增大。又由于变压器的容量是一定的，当无功功率增大时，有功功率会相应减小，因此变压器的运行电压升高以后，变压器的有功功率将会减小。

此外，变压器的运行电压升高后，磁通增大，会使铁芯饱和，从而使变压器的电压和磁通波形畸变。电压畸变后，电压波形中的高次谐波分量将随之增大，产生的尖峰波电压对用电设备有很大的破坏性，如引起用户设备的电流畸变，增加电机和线路的附加损耗；可能使系统中产生谐振过电压，从而使电气设备的绝缘遭到破坏；高次谐波会干扰附近的通信线路。

《电力变压器运行规程》中规定，变压器的运行电压一般不应高于该运行分接电压的105%，且不得超过系统最高运行电压。

2. 变压器的温度

运行中的变压器，由于存在铜损耗和铁损耗，温度必然要升高。铁损耗基本不变，而铜损耗是与电流的平方成正比变化的。因此变压器空载时的温度比停运时高，有负载时的温度比空载时高，过载时的温度比轻载时高，短路时的温度更高。出厂运行的变压器的绝缘性能是一定的，其绝缘材料的绝缘强度（包括机械强度）也是一定的，随着时间的推移，特别是长期在高温的作用下，变压器绝缘材料的绝缘性能将会不断降低，这一过程叫作变压器的绝缘老化。温度越高，其绝缘老化越快，同时绝缘材料因变脆而碎裂，绕组失去绝缘层保护。当变压器绝缘材料的工作温度超过其允许的长期工作最高温度时，每升高 6℃，其使用寿命将缩短一半，这就是变压器运行的"6℃原则"（干式变压器的为"10℃原则"）。油浸式变压器不同部位的温度高低顺序一般为绕组温度>铁芯温度>上层油温>下层油温。绕组热点温度的额定值（长期工作时的允许最高温度）为正常寿命温度，绕组热点温度的最高允许值（非长期工作时的允许最高温度）为安全温度。油浸式变压器一般通过监测上层油温来监控变压器绕组的温度。对于变压器绝缘材料，一般油浸式变压器用的是 A 级绝缘材料。A 级绝缘材料的耐热温度为 105℃。为使变压器绕组的最高运行温度不超过 A 级绝缘材料的耐热温度，规定当最高环境温度为 40℃时，油浸式变压器上层油温的一般限值如表 2-3 所示。

表 2-3　油浸式变压器上层油温的一般限值

冷却方式	冷却介质最高温度/℃	最高上层油温/℃
自然循环自冷、风冷	40	95
强迫油循坏风冷	40	85
强迫油循环水冷	30	70

由于采用 A 级绝缘材料的变压器的绕组允许最高温度为 105℃，绕组的平均温度约比油温高 10℃，故油浸自冷或风冷变压器上层油温的允许最高温度为 95℃，考虑到油温对油的劣化影响（油温每增加 10℃，油的氧化速度增加 1 倍），故上层油温的允许值一般不超过 85℃。对于强迫油循环风冷或水冷变压器，由于油的冷却效果好，使上层油温和绕组热点温度降低，但绕组平均温度与上层油温的温差较大（一般绕组的平均温度比上层油温高 20～30℃），故变压器运行时上层油温一般为 75℃，最高上层油温不超过 85℃。

3．变压器的允许温升

如果允许最高温度反映了变压器绝缘材料耐受温度破坏的能力，那么允许温升就反映了变压器绝缘材料承受对应热的允许空间。当绝缘材料一定时，其承受热的空间温度就不允许超过对应要求值。

变压器上层油温与周围环境温度的差值称为温升。温升的极限值（允许值）称为允许温升。对于采用 A 级绝缘材料的油浸式变压器，当周围环境温度为 40℃时，上层油的允许温升规定如下。

（1）油浸自冷或风冷变压器：在额定负荷下，上层油的温升不超过 55℃。

（2）强迫油循环风冷变压器：在额定负荷下，上层油的温升不超过 45℃。

（3）强迫油循环水冷变压器：冷却介质最高温度为+30℃，在额定负荷下，上层油的温升不超过 40℃。

4．主变的技术参数

110kV 仿真变压器中有两台主变，其技术参数如下。

（1）#1 主变的技术参数如表 2-4 所示。

表 2-4　#1 主变的技术参数

型号	SFSZ10-31500/110	冷却方式	ONAF（油浸风冷）
额定容量	31500/31500/31500kVA	温升	55K（绕组/上层油的温升）
额定电压	110/38.5/10.5kV	空载电流	0.14%
短路阻抗	高-中		10.25%
	高-低		18.21%
	中-低		6.45%
连接组别	YN、yn0、d11	生产厂家	××变压器有限公司

（2）#2 主变的技术参数如表 2-5 所示。

表 2-5　#2 主变的技术参数

型号	SSZ11-50000/110	冷却方式	ONAF（油浸风冷）
额定容量	50000/50000/50000kVA	温升	55K（绕组/上层油的温升）
额定电压	（110±8×1.25%）/（38.5±2×2.5%）/10.5kV	空载电流	0.10%
短路阻抗	高-中		9.95%
	高-低		17.9%
	中-低		6.23%
连接组别	YN、yn0、d11	生产厂家	××特种变压器厂

二、电气设备工况运行监控

1. 电流、功率的监控要求

（1）三相电流应平衡，电流表指针无卡涩，微机监控系统数据刷新正常。

（2）电流不超过允许值。

（3）母线的进出线电流应平衡。

（4）功率指示数值应与电流指示数值相对应。

2. 电压的监控要求

（1）三相电压应平衡并满足电压曲线的要求。

（2）并列运行的母线的电压应相差不大。

（3）电压表指示应稳定、无波动，微机监控系统数据刷新正常。

3. 电能计量装置的监控要求

（1）每日按照规定的时间监视或抄录变电站内安装的各种关口表、馈线电能表的读数，并进行电量核算。

（2）对于双侧电源线路，运行中线路的潮流方向随时可能发生变化，抄录电能表读数时，要注意输入、输出两个方向的电量均要抄录。

（3）定期核算母线电量不平衡率，若发现母线电量不平衡率超过规定值（一般为±(1%～2%)），应查明原因。

（4）当计量回路出现异常（如电压回路熔断器熔断、电流回路开路等）后，应记录时间，以便根据负荷情况补算电量。

（5）有线路操作时，应及时抄录通过旁路断路器的电量。

4. 微机监控系统运行状况判断

（1）在微机监控系统"遥测表"画面下，如果发现某一间隔内所有遥测数据未更新，或者日负荷报表中某一间隔内所有报表数据一直都未变动过，则应检查网络通信、支持程序及采集装置运行指示是否正常，找出异常原因并进行相应处理。

（2）如果发现微机监控系统中所有遥测数据均不再更新，通信状态显示正常，则可能是程序死机，此时应按照规定的顺序退出监控程序，重新登录。

【任务成果】

1. 提交在仿真系统中对变压器等主要设备进行运行监控的操作记录。
2. 制作并填写 110kV 仿真变电站运行监控记录表。

【任务评价】

本任务的完成情况体现了学生对变电站运行监控相关知识和技能的掌握程度，请根据任务完成情况填写表 2-6。

表 2-6　变电站运行监控操作任务完成情况评价表

序号	考核项目或标准		评价结果		
			组员自评	小组互评	教师评价
1	实施过程	变电站运行监控相关知识的学习情况			
		变电站运行监控操作任务的完成情况			
2	职业素质	安全作业情况			
		工作状态情况			
		团队协作情况			
3	任务成果	变电站运行监控操作任务：动作熟练、过程正确			
		变电站运行监控操作记录：记录完整、条理清晰			

注：评价结果分为 A（优秀）、B（良好）、C（中等）、D（合格）、E（加油）5 个等级。

【思考提高】

1. 变电站运行监控包括哪些工作？
2. 总结关于变压器温度的规定。

学习情景三　变电站电气设备巡视及维护

为确保变电站及电力系统的安全、稳定运行，必须按照规定规程对变电站进行巡视及维护。由于变电站中的设备类型复杂，数量较多，巡视的内容繁重，运行人员的巡视工作应按照规程制定的巡视周期和巡视项目进行，避免出现遗漏设备等巡视不全面、不到位的现象。

【学习目标】

知识目标

1．掌握设备巡视的分类、巡视流程、巡视方法。
2．掌握设备巡视的目的、基本要求。
3．能说明主要的变电站一次、二次设备巡视的检查项目。
4．能对变电站一次、二次设备的缺陷进行分类，并能说明常见缺陷的处理流程和要求。

能力目标

1．能按照设备巡视规范要求编写（填写）变电站一次、二次设备的巡视作业指导卡。
2．能按照巡视作业指导卡的要求进行一次、二次设备巡视，随时掌握设备的运行情况，及时发现设备异常和缺陷，预防事故的发生，确保设备连续、安全运行。

素质目标

1．培养学生主动思考、认真负责的工作态度。
2．培养学生团结协作、爱岗敬业的职业素养。
3．培养学生追求卓越、精益求精的工匠精神。

【教学环境】

本学习情景建议在发电厂与变电站仿真实训室中进行一体化教学，机位要求：至少能满足每两个学生共同使用一台计算机，最好能为每个学生配备一台计算机。仿真系统相关资料、线上教学课程及相应的多媒体课件等教学资源应配备齐全。

知识点 1　设备巡视概述

为了监控变电站设备的运行情况，及时发现和消除设备缺陷和隐患，预防事故发生，确保设备安全运行，需要进行设备巡视。对变电站设备的巡视是及时掌握设备的运行情况、变化情况，发现设备的异常情况，确保设备连续、安全运行的主要措施。

设备巡视的目的
和分类

一、设备巡视的分类

设备巡视一般分为 5 种：例行巡视、全面巡视、夜间巡视、专业巡视和特殊巡视。

1. 例行巡视

例行巡视包括日常巡视、交接班巡视、高峰负荷巡视、班站长监察性巡视等，巡视周期按各类变电站现场运行规程所列要求制定。日常巡视是指运行人员按规定时间及路线，对设备进行全面检查，并记录发现的缺陷、巡视时间等，主要包括以下内容。

（1）检查后台运行方式及有无异常信号。

（2）检查充油设备、充气设备、避雷器的泄漏电流等。

（3）检查绝缘子套管是否完好，有无异物等。

（4）检查设备的接头、金具是否发热，有无散股现象。

（5）检查设备是否存在异常放电声等。

（6）检查设备指示灯。

2. 全面巡视

全面巡视是指对设备进行全面检查，记录运行数据，开启箱、盘、柜进行检查，主要包括以下内容。

（1）对设备、建筑及其基础进行全面的外部检查。

（2）检查消防用器具、安全工器具是否齐备等。

（3）检查试验是否过期。

（4）检查室内外场地，巡视操作小道是否整齐、清洁。

（5）检查设备的薄弱环节，对缺陷有无发展进行判定。

（6）检查防火、防小动物、防误闭锁等设施有无漏洞。

3. 夜间巡视

夜间巡视是指晚上高峰负荷时，查看导体及连接处，重点是检查设备有无电晕放电、接头有无过热等。

4. 专业巡视

专业巡视是指为深入掌握设备的状态，由运维、检修、设备状态评价人员联合对设备开展的集中巡查和检测。

5. 特殊巡视

在遇到下列情况时，应进行特殊巡视，巡视次数根据设备巡视工作规范确定。

（1）设备过负荷时。

（2）特殊运行方式、调度发布电网星级风险时。

（3）设备经检修、改造或长期停用后重新投入系统运行时，新安装设备投入系统运行时。

（4）设备缺陷近期有发展时。

（5）雷雨、台风、雨雾、灰霾、冰冻等恶劣天气前后。

（6）事故跳闸和设备运行过程中有可疑现象时。

（7）重要节假日和启动特殊、特级及上级通知的其他保供电任务时。

例行巡视、全面巡视、专业巡视的巡视周期如表 3-1 所示。

表 3-1　例行巡视、全面巡视、专业巡视的巡视周期

巡视类别	例行巡视				全面巡视				专业巡视			
变电站类型	一类站	二类站	三类站	四类站	一类站	二类站	三类站	四类站	一类站	二类站	三类站	四类站
巡视周期	每天	三天	一周	两周	一周	两周	一月	两月	一月	一季度	半年	一年

二、设备巡视的方法

（1）以运维人员的眼观、耳听、鼻嗅、手触等为主要检查手段，发现运行中设备的缺陷及隐患。

设备巡视的方法

（2）使用工具和仪表，进一步探明故障性质，较小的故障也可在现场及时排除。

常用的设备巡视方法有以下 6 种。

① 目测法：用眼睛检查看得见的设备部位，通过设备外观的变化来发现异常情况。

② 耳听法：用耳朵或借助听音器械，判断设备运行过程中发出的声音是否正常，有无异常声音。

③ 鼻嗅法：用鼻子辨别是否有设备的绝缘材料过热时产生的特殊气味。

④ 手触法：用手触试设备的非带电部分（如变压器的外壳、电机的外壳），检查设备是否有温度异常升高或局部过热现象。

⑤ 仪器检测法：借助测温仪、望远镜、遥视探头等对设备进行检查，这是判断设备是否过热的有效方法。

⑥ 比较分析法：当对所检查的设备部件有疑问时，可将其与正常的设备部件进行比较。对于数据型结果，可通过与其他同类设备及设备本身的历史数据进行横向、纵向比较分析，综合判断设备是否正常。

三、设备巡视的安全要求和注意事项

设备巡视的安全
要求和注意事项

（1）由值班长按照规定安排例行巡视和特殊巡视。

（2）巡视前，针对巡视内容、天气情况、设备运行状况进行危险点分析。

（3）巡视时，应戴安全帽，按规定着装，检查所使用的安全工器具是否完好，按照规定的巡视路线进行巡视，防止漏巡。

（4）检查设备时要做到四细：细看、细听、细嗅、细摸（指不带电设备外壳），严格按照设备运行规程中的检查项目进行检查，防止漏查。

（5）巡视人员应状态良好，巡视过程中精神集中，要做到五不准：不准做与巡视无关的工作；不准观望巡视范围以外的外景；不准谈论与巡视无关的内容；不准嬉笑、打闹；不准移开或越过遮栏。

（6）巡视高压设备时，人体与带电导体的最小安全距离如表 3-2 所示。

表 3-2 人体与带电导体的最小安全距离

电压等级/kV	6～10	20～35	110	220	500
无遮栏/m	0.70	1.00	1.50	3.00	5.00
有遮栏/m	0.35	0.60	1.50	3.00	5.00

（7）巡视保护室时，禁止使用移动通信工具，开关保护屏门时应小心谨慎，防止产生过大振动。

（8）进入 GIS（gas-insulated switchgear，气体绝缘开关设备）室前应先通风 15 分钟，且无报警信号，确认空气中含氧量不小于 18%，空气中 SF_6 浓度不大于 $1000\mu L/L$ 后方可进入；不要在 GIS 防爆膜附近停留，防止压力释放装置突然动作，危及人身安全。

（9）高压设备发生接地故障时，室内不得接近故障点 4m 以内，室外不得接近故障点 8m 以内。进入上述范围的人员应穿绝缘鞋（靴），接触设备外壳和结构时，应戴绝缘手套。

（10）巡视人员的站位要合适，当室外 SF_6 设备发生气体泄漏时，应从上风处接近检查，避免站在压力释放装置所对的方向。

（11）雷雨天需要巡视室外高压设备时，应穿绝缘鞋（靴），并不得靠近避雷器和避雷针。

（12）夜间巡视时，应开启设备区照明，熄灯夜巡应携带照明工具。

（13）用红外线测温仪测温、用绝缘杆等检查设备、继电保护巡视须由两人进行，如果是由非运行人员完成这些工作，则必须执行工作票制度。

（14）巡视配电装置、进出高压室时，应随手关门，并检查防鼠门是否性能良好，防止小动物进入室内。

（15）高压室的钥匙应至少有三把，由配电值班人员负责保管与移交。一把钥匙专供紧急时使用，一把钥匙专供值班员使用，其他钥匙可以借给单独巡视高压设备的人员和工作负责人使用，但需签名登记，当日交回。高压室和低压室的钥匙应严格管理，不得外借给非电力系统的人员使用。

（16）严格执行"五防"解锁规定，禁止随意动用解锁钥匙。

（17）巡视设备时，禁止变更检修现场安全措施，禁止改变检修设备状态。

（18）若运行人员在进行巡视检查时发现设备缺陷或异常运行情况，应详细记录在运行日志和缺陷记录簿中，班内要做好缺陷分析定性。对于紧急缺陷及严重异常情况，需立即向上级和调度汇报，加强对设备薄弱环节的监控，做好事故预想，并按值交接。

（19）经本单位批准，允许单独巡视高压设备的人员巡视检查发电厂、变电站，以及集控所运行人员巡视检查无人值班的变电站时，必须在变电站的出入登记簿上签名登记，离开时检查门、窗、灯、水是否关好。

（20）巡视检查时，若遇到威胁人身和设备安全的情况，则应按事故处理有关规定进行处理，同时向上级和调度汇报。

知识点 2　设备缺陷管理

运行中或备用的设备（装置）因自身或相关功能而影响系统正常运行的异常现象称为设备（装置）的缺陷。

变电站设备缺陷管理的目的有两方面：一方面是掌握正在运行的设备存在的问题，以便按轻、重、缓、急的原则消除设备缺陷，提高设备的健康水平，保障变电站的安全运行；另一方面是对设备缺陷进行全面分析，总结变化规律，为大修、技术改进提供依据，加强对设备缺陷的管理。

一、设备缺陷的分类

按照对供电安全、用电安全的威胁程度，设备缺陷可分为危急缺陷、严重缺陷、一般缺陷三类。

设备缺陷的分类

1. 危急缺陷

危急缺陷是指使设备不能继续安全运行，随时可能导致事故发生或危及人身安全的缺陷。对于危急缺陷，必须尽快消除或采取必要的安全技术措施进行处理。若不及时处理，随时可能造成设备损坏、人身伤亡、大面积停电、火灾等事故。

2. 严重缺陷

严重缺陷是指虽然比较严重，但设备仍可在短期内继续安全运行的缺陷。对于严重缺陷，应在短期内予以消除，消除前应加强监控。

3. 一般缺陷

一般缺陷是指除危急缺陷、严重缺陷外的缺陷，即性质一般、情况较轻、对设备安全运行影响不大的缺陷。

表 3-3 所示为主变、110kV 高压断路器、110kV 隔离开关的部分缺陷。以主变为例，套管导电接头和引线的温度异常，接头温度大于 130℃时为危急缺陷，接头温度大于 90℃且小于或等于 130℃时则为严重缺陷。

表 3-3　主变、110kV 高压断路器、110kV 隔离开关的部分缺陷

设备类型	异常部位	异常描述	缺陷等级
主变	套管导电接头和引线	接头温度大于 130℃	危急
主变	套管	放电超过第二伞裙	危急

设备类型	异常部位	异常描述	缺陷等级
主变	呼吸器	硅胶潮解，全部变色	严重
主变	瓦斯继电器	漏油速度为每滴不快于 5s	严重
主变	套管导电接头和引线	接头温度大于 90℃ 且小于或等于 130℃	严重
主变	测温装置	指示不清晰	一般
主变	油箱	渗油	一般
主变	油枕	油位低于正常油位	一般
110kV 高压断路器	接地引下线	断开	危急
110kV 高压断路器	套管	套管瓷瓶破裂	危急
110kV 高压断路器	引线及接线端子	接线端子温度大于 110℃	危急
110kV 高压断路器	引线及接线端子	接线端子温度大于 80℃ 且小于或等于 110℃	严重
110kV 高压断路器	分合闸指示器	脱落	严重
110kV 高压断路器	接地引下线	松动	严重
110kV 高压断路器	SF_6 压力表	外观有破损，不影响运行	一般
110kV 高压断路器	接地引下线	油漆脱落	一般
110kV 高压断路器	套管	套管瓷瓶表面存有明显积污	一般
110kV 隔离开关	导电回路	线夹温度大于 110℃	危急
110kV 隔离开关	套管	破裂	危急
110kV 隔离开关	主刀	引线有异物悬挂，其长度可跨越相邻相	危急
110kV 隔离开关	导电回路	线夹温度大于 80℃ 且小于或等于 110℃	严重
110kV 隔离开关	操作机构	连杆锈蚀	一般
110kV 隔离开关	构架	明显锈蚀	一般
110kV 隔离开关	套管	防污涂料脱落	一般
110kV 隔离开关	套管	表面有明显污渍	一般

二、设备缺陷管理方法

运行单位应全面掌握设备的健康状况，及时发现在设计、制造、安装及运行中出现的卡涩、松动、断裂、过热、异音、泄漏、缺油、失灵等设备缺陷，认真分析设备缺陷产生的原因，尽快消除设备隐患，掌握设备的运行规律，努力做到防患于未然，保证设备经常处于良好的运行状态。

设备缺陷实行闭环管理。所谓闭环管理，是指通过发现缺陷→缺陷登记→缺陷上报→检修计划→消缺处理→缺陷消除→消缺记录等环节形成闭环。设备缺陷管理应并入生产管理和信息系统管理，所有缺陷管理流程都应在生产系统和信息系统上进行，特殊情况用消缺通知单来实现闭环管理。消缺工作应列入各单位的生产计划中，对于危急、严重或有普遍性的缺陷，还要及时研究对策，采取措施，尽快消除。缺陷消除时间应严格掌握，对于危急缺陷、严重缺陷、一般缺陷，要严格按照本单位规定的时间，根据缺陷严重程度进行处理。缺陷消除的期限一般遵循如下规定。

1. 危急缺陷

针对危急缺陷，应立即向本单位值班负责人和调度汇报，并申请停电处理，在 24h 内予以消除。

2. 严重缺陷

针对严重缺陷，应向本单位值班负责人汇报，在规定时间内及时处理。若不能立即处理，则务必在一星期内安排计划进行处理。

3. 一般缺陷

针对一般缺陷，不论其是否影响安全，均应积极处理。若缺陷不影响设备的安全运行，应加强监控，并针对缺陷发展做出分析和事故预想。对处理存在困难、无法自行处理的缺陷，应向电气负责人汇报，将其纳入检修计划中予以消除。

变电站的电气负责人应定期（每季度或每半年）召集有关人员开会，对设备缺陷的产生原因、发展规律、最佳处理方法及预防措施等进行分析和研究，不断提高设备的运行管理水平。

三、设备缺陷处理的一般流程

运行人员发现一般缺陷后，启动处理流程，上报给班组长，经过逐级审核后，安排运检班组进行消缺。

（1）发现缺陷。

缺陷的发现途径主要包括巡视、检测、检修。

（2）缺陷登记。

运维班组人员应将发现的缺陷及时记录在巡视作业指导卡或 PDA（掌上电脑）上，并进行初步定性。缺陷登记的主要内容包括设备名称和编号、缺陷主要情况、缺陷分类归属、发现者姓名、日期等。

（3）缺陷上报。

缺陷登记完成后，需先将缺陷上报给班组长进行确认及审核，然后将缺陷上报给上级专责进行审核。上级专责对上报的缺陷进行缺陷性质确认及审核。

（4）检修计划。

上级专责将审核后的缺陷排入检修计划或直接将消缺任务派发给运检班组。

（5）消缺处理和缺陷消除。

运检班组接受上级专责派发的消缺任务后，先进行现场勘察、工作票开票、作业文本编制、人员安排等准备工作，然后到现场执行消缺任务，直至缺陷消除，并提交消缺验收。

（6）消缺记录。

对运检班组消除的缺陷进行验收，若验收合格，则做好处理方案、处理结果、处理者姓名和日期等内容的消缺记录，结束缺陷处理流程；否则将缺陷退回上级专责，重新安排消缺。

在现场巡视工作过程中，一旦发现设备存在缺陷，无论大小，都必须严肃认真地对待，及时规范地处理，否则设备缺陷的隐患将有可能发展成对人员和设备的伤害，甚至影响整个电力系统的安全运行。所以，要以高度的责任感和科学的态度来看待设备巡视的重要性。

任务 3.1　一次设备巡视及维护

【任务描述】

一次设备通常是电力系统中重要的高压设备，是直接参与发、输、配电的设备，主要包括变压器、断路器、隔离开关、母线电压互感器、电流互感器、电力电缆电抗器等，其运行状况的好坏直接影响电能传输分配系统是否能安全、可靠运行。在电气值班员的日常工作中，一次设备巡视是极其重要的工作内容。本任务旨在使学生掌握设备巡视的工作流程、危险点分析，能在巡视作业指导卡的指导下，在仿真系统中对一次设备进行巡视及维护，培养学生标准化作业的职业素养及精益求精的工作态度。

【相关知识】

一、设备巡视的工作流程

1. 做好准备工作

（1）查阅设备缺陷记录簿、运行日志并检查设备负荷情况，掌握设备的运行状况，对存在缺陷及负荷较大的设备进行重点巡视。

（2）按照有关规程的要求，佩戴安全防护用品；结合当时的天气情况，采取防止高温中暑或低温冻伤的措施。

（3）人员搭配及分工合理，不留巡视死角。

（4）携带望远镜、测温仪、巡视作业指导卡、笔、设备区及配电室钥匙等。

2. 按照规定的巡视顺序对设备进行巡视

应按照巡视作业指导卡或 PDA 中的巡视顺序和项目对每台设备的各个部位逐项进行巡视，不得有遗漏。对存在缺陷或运行异常的设备进行巡视时，要重点检查其缺陷或异常有无发展。

变压器的巡视顺序示例：储油柜部分（油位指示器、瓦斯继电器、储油柜及连接管、呼吸器）→变压器本体部分（设备标示牌、压力释放装置、油箱、声响、上层油温）→各侧套管及引线（高压侧套管、中压侧套管、低压侧套管、中性点套管及其引线）→冷却系统（散热器油泵、风扇）→有载调压装置。

3. 巡视过程中发现缺陷的处理

将巡视过程中发现的一般缺陷记录在巡视作业指导卡或 PDA 中，巡视完毕后按照设备缺陷处理流程进行汇报。对于严重缺陷、危急缺陷，一经发现，应立即暂停巡视，报告给值班负责人，由值班负责人汇报给调度及相关领导，并根据设备缺陷的严重程度采取适当措施，防止发生事故；紧急处理完毕后，应该从中断的地方开始继续巡视。

4. 巡视结果记录

将巡视结果汇报给值班负责人，必要时值班负责人应对存在缺陷的设备进行复查，确认是否构成缺陷及其严重程度。

二、设备巡视的危险点分析

巡视设备时应严格遵守《国家电网公司电力安全工作规程 变电部分》（Q/GDW 1799.1—2013）和相关规程制度的要求。巡视前，应针对巡视内容、天气情况、设备运行状况进行危险点分析。巡视过程中可能存在的危险点如下。

（1）人员触电。

危险点有擅自打开设备网门，跨越遮栏，与带电设备之间的安全距离不够，误登、误碰带电设备，以及高压设备发生接地故障时，保持距离不够或接触设备外壳、结构。

（2）碰伤、摔伤。

危险点有登高检查设备时，感应电造成巡视人员失去平衡；夜间巡视时，巡视人员碰伤、摔伤、踩空。

（3）其他人身伤害。

危险点有检查设备气泵、油泵等部件时，电机突然启动，转动装置伤人；雷雨天气，靠近避雷器和避雷针，造成伤亡；不戴安全帽、不按规定着装或使用不合格的安全工器具，在突发事件时失去保护；巡视 SF$_6$ 设备时，未按规定进行操作，造成气体中毒；生产现场安全措施不规范（如警告标志不齐全、孔洞封锁不良、带电设备隔离不符合要求），造成伤亡；巡视人员身体状况不适，思想波动，造成人身伤害。

（4）设备误动作。

危险点有开关保护屏门时振动过大，造成设备误动作；在保护室使用移动通信工具，造成保护及自动装置误动作。

（5）造成安全隐患。

危险点有擅自改变检修设备状态，变更工作地点的安全措施；发现设备缺陷及异常后单人处理，未及时汇报；随意动用解锁钥匙；进出高压室时，未随手关门，造成小动物进入。

（6）巡视质量不高。

危险点有未按照巡视顺序进行巡视，造成巡视不到位、漏巡。

【任务实施】

在熟悉 110kV 仿真变电站内变压器、高压断路器、高压隔离开关、电压互感器、电流互感器、避雷器、电容器等一次设备的结构的基础上，按照巡视作业指导卡（见表3-4），在仿真系统中进行一次设备的巡视及维护。

表 3-4　巡视作业指导卡

作业卡编号		作业卡编制人		作业卡批准人	
作业地点		巡视范围	全站	巡视日期	
巡视类别		巡视开始时间	年　月　日	巡视终止时间	年　月　日
环境温湿度	℃/　%	天气		巡视人员	
一、巡视准备阶段					

序号	准备工作	内容	执行结果（√）
1	作业条件		
2	安全保护措施		
3	钥匙		
4	特殊天气巡视措施		
5	测温仪		
6	移动通信工具		

二、巡视实施阶段

1. 检查执行情况

序号	设备名称	设备部位	巡视内容/巡视标准	结论（√）
1				正常□异常□
2				正常□异常□
3				正常□异常□
4				正常□异常□

2. 设备缺陷及异常记录

序号	设备名称	巡视时间	设备缺陷及异常
1			
2			
3			
4			

续表

三、巡视结束阶段				
内容	注意事项			执行结果（√）
安全工器具归位				
记录				
汇报处理				
执行情况评估	符合性	正常□　异常□	可操作性	正常□　异常□
	修改项		遗漏项	
存在问题				
改进意见				

一、变压器的巡视及维护

1. 变压器的类型和结构

变压器是按照电磁感应原理工作的，利用铁芯中的磁场把交流电能从一个绕组传递到其他绕组，绕组上的电压与其匝数成正比，因此能方便地实现电压的变换，并具有很高的效率，是变电站的核心设备。变压器按冷却方式不同，可分为油浸式变压器与干式变压器两大类；按绕组数量不同，可分为双绕组变压器、三绕组变压器等。

110kV 仿真变电站的主变采用的是两台三相油浸式三绕组变压器，如图 3-1 所示。

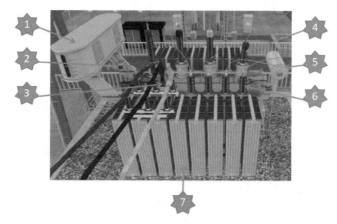

1—油枕；2—瓦斯继电器；3—低压出线套管；4—高压出线套管；5—有载调压开关专用油枕；6—中压出线套管；7—散热器。

图 3-1　三相油浸式三绕组变压器

35kV 侧所用变压器是油浸式双绕组变压器，如图 3-2 所示。

2. 变压器例行巡视项目

（1）变压器的声音是否正常。

（2）油枕、套管的油位和油色是否正常，有无渗漏油现象。

（3）呼吸器的硅胶是否变色。

1—隔离开关；2—高压熔断器；3—油枕；4—高压出线套管；5—油箱。

图 3-2　油浸式双绕组变压器

（4）套管有无破损、裂纹及放电痕迹。

（5）套管各引线接头是否接触良好，有无发热现象。

（6）瓦斯继电器是否满油、无气体。

（7）变压器测量表计是否指示正确，有无异常现象。

（8）调压装置是否正常、指示正确，二次回路是否良好，驱潮电阻是否正常。

（9）主变端子箱是否密封严密、干燥、干净。

3. 不正常现象

当发现变压器在运行过程中有下列不正常现象时，应立即汇报给当值调度，同时汇报给有关部门，在未采取有效措施之前应加强对变压器的运行监控。

（1）变压器温度不正常并不断上升。

（2）变压器过负荷超过标准。

（3）轻瓦斯发出动作信号。

（4）变压器内部有很不均匀的响声。

（5）套管各引线接头有明显的发热、发红现象。

（6）变压器套管有裂纹及放电现象。

（7）油枕渗漏油严重，致使油枕油位低于油位计上的最低限度。

（8）外壳和套管有渗油现象。

（9）油色显著变化，油内出现炭质。

4. 变压器维护项目

（1）处理已发现的设备缺陷。

（2）放出储油柜积污器中的污油。

（3）检修油位计，调整油位。

（4）检修冷却装置，包括油泵、风扇、油流继电器，必要时吹扫冷却器管束。

（5）检修安全保护装置，包括储油柜、压力释放装置（安全气道）、瓦斯继电器等。

（6）检修油保护装置。

（7）检修测温装置，包括压力式温度计、电阻温度计（绕组温度计）、棒形温度计等。

（8）检修调压装置、测量装置及控制箱，并进行调试。

（9）检修接地系统。

（10）检修全部阀门和塞子，全面检查密封状态，处理渗漏油情况。

（11）清扫油箱和附件，必要时进行补漆。

（12）清扫外绝缘，检查套管导电接头（包括套管将军帽）。

（13）定期更换呼吸器硅胶。

（14）按有关规程规定进行测量和试验。

断路器的类型
和结构

二、断路器的巡视及维护

1. 断路器的类型和结构

断路器是重要的高压开关电器，常称为"开关"。作为电力系统的重要控制与保护设备，它的作用有两个：一是控制作用，即控制设备和线路的投入或退出；二是保护作用，即在设备或线路发生故障时，通过继电保护控制断路器切除故障，防止事故扩大。高压断路器区别于其他开关电器最重要的一点是，它拥有完善的灭弧装置，能关合或开断短路电流，而自身不会损坏。

断路器的灭弧介质类型是影响其电流开断能力与使用寿命的决定性因素，目前广泛使用 SF$_6$ 断路器与真空断路器等类型。在 110kV 仿真变电站内，110kV 侧采用的是 LW25-126 型 SF$_6$ 断路器，配套弹簧操作机构，如图 3-3（a）所示；35kV 侧采用的是 LW8-35A（T）型 SF$_6$ 断路器，配套弹簧操作机构，如图 3-3（b）所示。

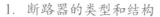
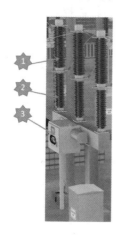
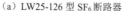

（a）LW25-126 型 SF$_6$ 断路器　　（b）LW8-35A（T）型 SF$_6$ 断路器

1—高压灭弧室及套管；2—支柱绝缘子；3—弹簧操作机构箱；4—套管；5—高压灭弧室；6—支柱绝缘子。

图 3-3　SF$_6$ 断路器

在 110kV 仿真变电站内，10kV 侧采用 ZN21-12/T 型手车式真空断路器，其装设于高压开关柜内，采用手车式结构，如图 3-4 所示。图 3-4（a）所示为断路器本体的结构，图 3-4（b）所示为断路器本体拉出状态下的 ZN21-12/T 型手车式真空断路器。这种类型的断路器不需要配备隔离开关，具有结构紧凑、操作方便、使用安全等优点。

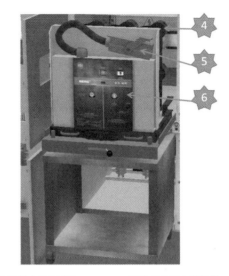

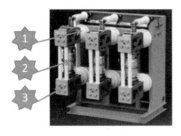

（a）断路器本体的结构　　（b）断路器本体拉出状态下的 ZN21-12/T 型手车式真空断路器

1—支柱绝缘子；2—真空灭弧室；3—接线端子；4—断路器本体；5—二次电缆插头；6—操作面板。

图 3-4　ZN21-12/T 型手车式真空断路器

2. SF_6 断路器例行巡视项目

（1）巡视 SF_6 断路器时，巡视人员应力求从"上风"侧接近设备检查。打开弹簧操作机构箱后，要先敞开一会儿，以防因 SF_6 断路器漏气而造成中毒、窒息事故。

（2）SF_6 断路器各部分有无松动、损坏，SF_6 断路器各部件与管道连接处有无漏气异味。

（3）弹簧储能电机是否储能正常，行程开关触头有无卡住和变形现象。

（4）套管引线、接头有无发热、变色现象。

（5）套管瓷瓶等是否清洁完整，有无裂纹、破损和不正常的放电现象。

（6）机械闭锁是否与 SF_6 断路器的位置相符。

（7）SF_6 断路器的分合闸机械指示、电气指示是否与 SF_6 断路器实际位置相符。

（8）SF_6 断路器的气体压力是否正常。

（9）分合闸线圈、接触器、电机有无焦臭味。若闻到焦臭味，则必须进行全面、详细的检查，消除隐患。

（10）加热器是否正常。

3. 真空断路器例行巡视项目

（1）绝缘瓷柱有无破裂、损坏、放电痕迹和脏污现象。

（2）绝缘杆是否完整，有无断裂现象；各连杆有无弯曲现象；当真空断路器处于合闸状态时，弹簧是否为储能状态。

（3）接头有无过热现象，引线弛度是否适中。

（4）分合闸位置指示是否正确，是否与当时实际运行情况相符。

4. 不正常现象

当发现断路器在运行过程中存在下列情况时，应立即汇报给调度，并停止其运行。

（1）支柱绝缘子严重损坏或连续放电、闪络。

（2）套管内有放电声或有冒烟、冒气现象，套管明显过热。

（3）断路器本体严重漏气或弹簧操作机构严重漏油、缺油。

（4）接线端子严重发红或烧断。

（5）真空断路器出现真空损坏的"咝咝"声。

（6）断路器切断故障电流次数超过规定值。

5. 断路器维护项目

（1）进行不带电的正常清扫。

（2）借着带电设备停电的机会，进行传动部分的检查，清扫绝缘子积垢，处理缺陷，除锈刷漆。

（3）为断路器及弹簧操作机构传动部件添加润滑油。

（4）根据需要补气或放气，放气阀泄漏处理。

（5）检查控制熔断器（或自动空气开关）、油泵电动机熔断器及储能电源自动空气开关是否正常。

（6）记录断路器的动作次数。

（7）检查各断路器防误闭锁功能是否齐全，有无缺陷。

三、隔离开关的巡视及维护

隔离开关的类型和结构

1. 隔离开关的类型和结构

隔离开关的主要用途是保证高压电气设备检修工作的安全，常称为"刀闸"。隔离开关的触头全部敞露在空气中，断开点明显可见，能可靠地将需要检修的部分与其他带电部分隔离开来，从而使工作人员放心、安全地检修故障设备。隔离开关没有灭弧装置，仅能用来接通或断开只有电压、没有负荷电流的电路，否则会在其触头间形成强大电弧，危及设备和人身安全，甚至造成重大事故。因此，隔离开关只能在断路器已经将电路断开的情况下，进行接通和断开操作。隔离开关可以接通或断开正常工作的电压互感器和避雷器电路。

在 110kV 仿真变电站内，110kV 侧隔离开关采用 GW4-126VIDW、GW4-126IV/1250、GW25-126DW/1250 等型号，配套电动操作机构；35kV 侧隔离开关则采用 GW4-40.5、GW25-40.5DW/1250 等型号，配套的操作机构既可手动操作，也可电动操作。隔离开关的结构较为简单，主要包括触头、支柱绝缘子、操作机构连杆等部件，如图 3-5 所示。

2. 隔离开关例行巡视项目

（1）绝缘瓷瓶是否完好、无裂纹，有无放电痕迹。

（2）各部件有无变形、松动，连接轴销和螺母是否紧固、完好。

（3）接地引下线和螺栓是否可靠、接地良好。

（4）带有接地刀闸的隔离开关在接地时，三相接地刀闸接地是否良好。

（5）隔离开关合闸后，触头之间是否接触良好。

（6）隔离开关在通过短路电流及耐受过电压后，应检查支柱绝缘子有无破损、裂纹及放电痕迹，动静触头及接地引下线接头有无熔化、发热、变色现象。

1—触头；2—支柱绝缘子；3—操作机构连杆。

图 3-5　隔离开关

3．隔离开关维护项目

（1）为铁件除锈刷漆，为活动部件加润滑油，擦拭支柱绝缘子。

（2）检查和调整隔离开关的触头弹簧压力，用 0 号砂纸修理触头的接触面，旋紧各部件螺丝。

（3）调整隔离开关的开度和三相同期。

（4）检查隔离开关支柱绝缘子与底座的结合处是否开裂。

（5）检查防误闭锁装置是否操作灵活、闭锁可靠。

（6）检查隔离开关的锁定装置是否安装牢固，动作是否灵活，能否将隔离开关可靠地保持在既定位置。

（7）对于配有电动操作机构的隔离开关，在确认操作机构各部件正常后用电动方式开合操作几次。确认隔离开关的电动操作机构动作正常、回路切换正常、连锁可靠后，方可将其投运。

（8）户外隔离开关电气锁应每月加一次润滑油，每年进行一次校准性维护检查。

（9）当隔离开关操作上存在问题时，应趁停电机会予以处理。

（10）隔离开关的缺陷处理工作可配合检修工作进行。

四、电压互感器的巡视及维护

电压互感器、电流互感器
的类型和结构

1．电压互感器的类型和结构

电压互感器一般简称为"TV"或"PT"，用于将高压转换为额定值为 100V 左右的低压，供二次回路使用。电磁式电压互感器的结构与原理与普通变压器相同，其一次绕组并联在电气主接线中，并采用高压熔断器进行保护，二次绕组采用低压熔断器作为短路保护装置。

在 110kV 仿真变电站内，110kV 侧电压互感器采用 TYD110、WVL3110-10H 等型号；35kV 侧电压互感器采用 JDJJ2-35、JDZXF-35、JZW-35、JDZXF71-35 等型号；10kV 侧电

压互感器采用 JDZXF10-10C3 等型号。电压互感器如图 3-6 所示。

（a）电磁式电压互感器　　　　　　　　　（b）电容式电压互感器

1—隔离开关；2—高压熔断器；3—电压互感器出线套管；4—电压互感器本体。

图 3-6　电压互感器

2. 电压互感器例行巡视项目

（1）本体巡视：检查引线接头、外绝缘、油色、油位、运行声音是否正常。

（2）绝缘子巡视：检查外观、法兰是否正常。

（3）二次部分巡视：检查接线盒密封、电缆出口、末屏是否正常。

（4）一次、二次端子箱巡视：检查断路器、熔断器、端子箱次回路是否正常。

（5）其他：检查设备标识、设备基础、接地引下线是否正常。

3. 电压互感器维护项目

（1）大修，一般指将电压互感器解体，对内、外部件进行检查和修理。大修周期根据电压互感器预防性试验结果、在线监测结果进行综合分析与判断，必要时进行大修。

（2）小修，一般指不将电压互感器解体，仅进行检查与修理。小修周期结合预防性试验结果和实际运行情况进行综合分析与判断，通常为 1～3 年 1 次。

（3）利用停电机会进行清扫，擦抹绝缘子，检查引线接头是否接触良好，工作接地、保护接地是否牢固，渗漏油应清除。

五、电流互感器的巡视及维护

1. 电流互感器的类型和结构

电流互感器一般简称为"TA"或"CT"，用于将大电流转换为额定值为 5A 或 1A 的小电流，供二次回路使用。其一次绕组串联在电气主接线中，工作时二次绕组不得开路，否则会产生威胁设备与人身安全的过电压。

在 110kV 仿真变电站内，110kV 侧电流互感器采用 LVB-126 W2、LVQB-110W2 等型号，35kV 侧电流互感器采用 LZZBJ71-35、LRGBJ-35 等型号，10kV 侧电流互感器采用 LZZBJ9-10C2 等型号，如图 3-7 所示。

（a）LVB-126 W2 型　　（b）LVQB-110W2 型　　（c）LZZBJ71-35 型　　（d）LRGBJ-35 型　　（e）LZZBJ9-10C2 型

图 3-7　电流互感器

图 3-8 所示为 110kV 仿真变电站内某 110kV 出线回路的设备配置情况。

1—线路侧隔离开关；2—电流互感器；3—高压断路器；4—母线侧隔离开关。

图 3-8　110kV 仿真变电站内某 110kV 出线回路的设备配置情况

2. 电流互感器例行巡视项目

（1）外观是否完好无损。

（2）金属部位有无锈蚀，器身外涂漆层是否清洁、无爆皮掉漆。

（3）套管表面是否清洁、完整，有无裂纹、放电痕迹、老化迹象。

（4）接头是否压接良好，有无过热、变色现象。

（5）二次接线端子盒处是否密封严密、无污物。

（6）有无异常振动，内部有无异响、有无异味。

3. 电流互感器维护项目

应利用停电机会安排对电流互感器的清扫和维护，维护工作内容如下。

（1）检查高低压螺栓是否松动。

（2）检查引线夹是否断裂，工作接地、外壳接地是否牢固。

（3）擦抹绝缘子各部件，清除渗漏油。

六、避雷器的巡视及维护

防雷保护装置包括避雷针、避雷线与避雷器。

避雷针、避雷线是接地的导电物，它的作用是将雷吸引到自己身上并将其安全地导入地中，由接闪器（引发雷击的部位）、引下线和接地体构成将雷电引入大地的通道。

避雷针是变电站中用来保护电气设备和建筑物免受直击雷的主要防雷装置。避雷线主要用来保护主变高压引出线和架空输电线免受直击雷。

1. 避雷器的类型和结构

避雷器并联在被保护电气设备上，可以防范由雷击产生的过电压和操作产生的过电压，有保护间隙型避雷器、管型避雷器、阀型避雷器和氧化锌避雷器等类型。

避雷器的类型和结构

110kV 仿真变电站内均采用氧化锌避雷器，在变压器中性点及 110kV、35kV、10kV 母线上均有配备。图 3-9 所示为主变中性点接地回路，配有"V"形接地刀闸与中性点避雷器。图 3-10 所示为 110kV 母线 C 相的避雷器外观。

1—"V"形接地刀闸；2—中性点避雷器。

图 3-9　主变中性点接地回路

图 3-10　10kV 母线 C 相的避雷器外观

2. 避雷器例行巡视项目

（1）套管瓷瓶表面是否污损严重，有无裂纹、破损及放电现象。

（2）避雷器内部有无放电响声，是否发出异味。若发现有放电响声或异味，需立即退出运行。

（3）避雷器引线有无烧伤痕迹或断股。

（4）避雷器是否曾动作，放电计数器读数是否有变化，连接是否牢固，连接片有无锈蚀，连接线是否会造成放电计数器短路。

（5）落地布置时，围栏内应无杂草，以防避雷器电压分布不均。

巡视时应注意，雷雨天气巡视人员严禁接近避雷器。避雷器应设有集中接地装置，其接地电阻一般不大于10Ω。集中接地装置与主地网之间应有可以拆卸的连接。

避雷器的漏电流记录器是一种在线监测设备，用于监测在运行电压作用下通过避雷器的漏电流峰值，以判断避雷器内部是否受潮，元件有无异常。其运行注意事项：①应保持漏电流记录器观察孔玻璃的清洁，若玻璃内部脏污或有积水，应要求维修人员处理；②巡视时，应注意各相漏电流记录器的指示是否基本一致，漏电流记录器发光管是否发亮；③应按规定及时记录毫安表读数，并注意分析其有无异常变化。

3. 避雷器维护项目

（1）加在避雷器上的工业频率电压不允许长时间超过其持续运行电压。

（2）雷雨天气过后，应尽快特殊巡视避雷器和避雷针，同时记录放电计数器的动作情况。

（3）每月中旬和月底应对全站放电计数器的动作情况进行全面检查，并做好记录。

（4）每星期四检查避雷器的漏电流记录器，并做好记录。

（5）避雷针、接地网的接地电阻每6年测量一次。

（6）对于避雷器，应每年雷雨季节前定期试验一次。

（7）利用停电机会对避雷器进行清扫，擦抹绝缘子，并检查绝缘子有无裂纹或放电痕迹，接线装置是否牢固、可靠，引线接头是否紧固。

七、电容补偿装置的巡视及维护

1. 电容补偿装置的结构

电容补偿装置的结构

为了提高负载的功率因数，降低电力损耗，提高发电设备利用率，应该根据负荷大小及性质，在变电站负荷侧安装电容补偿装置。

110kV仿真变电站在10kV侧两段母线上共装有3组电容补偿装置，Ⅱ母上负荷较大，故装有2组电容补偿装置，以满足负荷的使用需求。110kV仿真变电站内的补偿电容器组均采用BAM12和BAMH12型电容器组，配套电抗器型号分别为CKSQ和CKK-60/10-6。图3-11所示为电容器补偿回路，主要包括10kV隔离开关、补偿电容器组、电抗器。

2. 电容补偿装置例行巡视项目

（1）电容补偿装置内部有无放电声，外壳有无鼓肚及严重渗漏油现象。

（2）外壳温度是否超过60℃，温升是否超过40℃。

（3）保护熔丝有无熔断。

（4）套管瓷瓶有无松动、裂纹及放电闪络痕迹。

（5）引线连接有无松动、发热、断股、脱落。

（6）外壳接地是否良好、完整。

（7）对于安装在室内的电容补偿装置，应检查室内通风是否良好。

3. 电容补偿装置维护项目

（1）利用停电机会，做好箱壳表面、套管表面及其他各部位的清洁工作，并应定期清扫，以保证电容补偿装置的安全运行。

（2）运行人员每周进行一次测温，以便及时发现电容补偿装置存在的隐患，保证电容补偿装置的安全、可靠运行。

（3）每季度定期检查一次电容补偿装置所有的接点和连接点。

（4）电容补偿装置投运后，每年测量一次谐波。

1—10kV 隔离开关；2—补偿电容器组；3—电抗器。

图 3-11　电容器补偿回路

【任务成果】

（1）提交一次设备的巡视作业指导卡。

（2）提交一次设备巡视及维护的操作记录。

【任务评价】

本任务的完成情况体现了学生对一次设备巡视及维护相关知识和技能的掌握程度，请根据任务完成情况填写表 3-5。

表 3-5　一次设备巡视及维护操作任务完成情况评价表

序号	考核项目或标准		评价结果		
			组员自评	小组互评	教师评价
1	实施过程	一次设备巡视及维护相关知识的学习情况			
		一次设备巡视及维护操作任务的完成情况			
2	职业素质	安全作业情况			
		工作状态情况			
		团队协作情况			
3	任务成果	一次设备巡视及维护操作任务：动作熟练、过程正确			
		一次设备巡视及维护操作记录：记录完整、条理清晰			

注：评价结果分为 A（优秀）、B（良好）、C（中等）、D（合格）、E（加油）5 个等级。

【思考提高】

（1）巡视不同设备时，侧重点有什么差异？在仿真系统中进行分析比较。

（2）简述一次设备巡视过程中的注意事项。

任务 3.2　二次设备巡视及维护

【任务描述】

二次设备是指对一次设备的运行状况进行监控、测量、控制、保护、调节的电气设备或装置，如监测装置、继电保护及自动装置、信号装置等，通常还包括电流互感器和电压互感器的二次绕组、引出线、二次回路。这些二次设备按一定要求连接在一起构成的电路，称为二次接线或二次回路。二次设备巡视及维护是电气值班员必备的技能之一。本任务旨在使学生充分了解二次设备，掌握二次设备巡视及维护项目，能在仿真系统中按照巡视作业指导卡的要求对 110kV 仿真变电站的二次设备进行巡视及维护。

【相关知识】

一、二次设备

二次设备主要包括以下设备。

1. 控制系统

控制系统的作用是对变电站的开关设备进行就地或远方跳、合闸操作，以满足改变主系统运行方式及故障处理的要求。控制系统由控制装置、控制对象及控制网络构成。在实现了综合自动化的变电站中，控制系统的控制方式包括远方控制和就地控制。远方控制可分为变电站端控制和调度端（集控站或集控中心）控制，就地控制可分为操作机构控制和保护（或监控）屏控制。

2. 信号系统

信号系统的作用是准确及时地显示出相应一次设备的运行状况，为运行人员提供操作、调节和处理故障的可靠依据。信号系统由信号发送机构、信号接收显示元件（装置）及其网络构成。按信号性质分类，信号可分为状态信号和实时登录信号。常见的状态信号有断路器位置信号、各种开关位置信号、变压器挡位信号等；常见的实时登录信号有保护动作信号、装置故障信号、断路器监视的各种异常信号等。按信号发出时间分类，信号可分为瞬时动作信号和延时动作信号。按信号复归方式分类，信号可分为自动复归信号和手动复归信号等。

3. 测量及监察系统

测量及监察系统的作用是指示或记录电气设备和输电线路的运行参数，为运行人员掌握主系统运行情况、进行故障处理及经济核算提供依据。测量及监察系统由各种电气测量仪表、监测装置、切换开关及其网络构成，常见的有电流、电压、频率、功率、电能等的测量系统和交流、直流绝缘监察系统。

4. 调节系统

调节系统的作用是调节某些主设备的工作参数，以保证主设备和电力系统安全、经济、稳定运行，如有载调压分接开关等。调节系统由测量机构、传送设备、自动控制装置、执行元件及其网络构成。常用的调节方式有手动、自动或半自动方式。

5. 继电保护及自动装置系统

继电保护及自动装置系统的作用是当电力系统发生故障时，能自动、快速、有选择地切除故障设备，降低设备的损坏程度，保证电力系统的稳定运行，提高供电可靠性；及时反映主设备的不正常工作状态，提示运行人员关注和处理，保证主设备的完好及电力系统的安全。

继电保护及自动装置系统由电压互感器和电流互感器的二次绕组、继电器、继电保护及自动装置、断路器及其网络构成。继电保护及自动装置系统是按电力系统的电气单元进行配置的。由断路器隔离的一次设备即构成一个电气单元。通过断路器可以将电力系统分隔为各种独立的电气单元，如发电机、变压器、母线、线路、电动机等。一次设备被分隔为各种电气单元，相应地就有了各种电气单元的继电保护装置，如发电机保护装置、变压器保护装置、母线保护装置、线路保护装置、电动机保护装置等。

6. 操作电源系统

操作电源系统的作用是供给上述各系统的工作电源，如断路器的跳、合闸电源，以及其他设备的事故电源等。操作电源系统是由直流电源或交流电源供电，一般由直流电源设备和供电网络构成。

二、二次设备巡视

1. 二次设备巡视的目的

由于二次设备的主要功能是对一次设备运行状况进行监控、测量、控制和调节，因此，二次设备巡视的第一个目的是发现一次设备的故障和运行异常，第二个目的是监控二次设备本身的运行状态，掌握二次设备的运行情况。通过对二次设备进行巡视，可以及时发现二次设备的运行异常、缺陷和故障，确保变电站和电网安全运行。

2. 二次设备巡视的方法

通常二次设备本身的自动化程度较高，尤其是目前大量采用的微机型保护装置，这类装置一般都有自检程序，当发生故障或出现异常时会自动闭锁，并发出报警信号。因此，二次设备的巡视重点为检查保护装置、监控系统、自动化设备、直流设备等的信号和显示。

二次设备巡视一般采用下列方法。

（1）外观检查：检查设备的外观，是否有破损、锈蚀、脱落、松动或异常等，检查设备有无明显发热，有无放电、烧焦等痕迹。

（2）信息检查：检查各继电保护及自动装置、保护屏、电源屏、直流屏、控制柜、控制箱，以及监控系统等二次设备是否发出异常信号、报警信号、光字信号、报文信息、上传信息、打印信息，是否异常显示等。

（3）测试检查：利用继电保护及自动装置、监控系统等设备的自检功能，测试其工作状态。

（4）仪表检查：利用仪表测量电阻、电压和电流等。

（5）位置检查：检查各继电保护及自动装置的压板、开关和操作把手位置是否与运行工况相符。

（6）环境检查：检查主控室、保护室等的温度、清洁度、工作环境是否符合要求。

（7）其他检查：检查是否有异响、异味，检查电缆孔洞、端子箱等的封堵情况。

3. 二次设备巡视的要求

二次设备巡视的基本要求、巡视周期、巡视流程与一次设备巡视相同。二次设备巡视检查也必须按标准化巡视作业指导书进行，按规定路线巡视，使用巡视作业指导卡（智能卡或纸质卡），详细填写巡视记录，严格执行相关规程规定，确保人身安全和设备的安全运行。同时，为了保证巡视质量，巡视人员除应具备高度责任感，严格执行标准化作业要求外，还应正确理解继电保护及自动装置、监控系统的各种信号和信息含义，只有这样，才能及时发现问题。

4. 二次设备巡视的危险点分析

（1）未按照巡视路线巡视，造成巡视不到位、漏巡。

（2）巡视人员身体状况不适、思想波动，造成巡视质量不高或造成人身伤害。

（3）巡视中误碰、误动运行设备，造成装置误动作或人员触电。

（4）擅自改变检修设备状态，变更安全措施。

（5）开关装置或柜门时振动过大，造成设备误动作。

（6）在保护室使用移动通信工具，造成保护装置误动作。

（7）发现设备缺陷及异常后，未及时汇报。

（8）夜间巡视或室内照明不足时，造成人员碰伤等。

【任务实施】

在熟悉 110kV 仿真变电站内二次设备的基础上，按照巡视作业指导卡（参考表 3-4）在仿真系统中进行二次设备巡视及维护。

一、变电站二次设备配置情况

110kV 仿真变电站的继电保护及自动装置的配置情况如下。

（1）主变的保护配置。

#1、#2 主变微机保护测控柜配置保护功能完全相同，均配置一套 RCS-9671Ⅱ变压器差动保护装置、一套 RCS-9661Ⅱ变压器非电量保护装置、一套 RCS-9681Ⅱ变压器后备保

护装置、两套 RCS-9682Ⅱ变压器后备保护装置。

（2）母线的保护配置。

110kV 母线保护配置一套 WMZ-41B 微机母线保护装置，保护配置母线差动保护，母联充电保护，母差动作出口均跳线路开关、跳#1 主变 101 断路器、#2 主变 102 断路器；110kV 母联保护配置 RCS-9607Ⅱ单元测控装置；35kV 母联保护配置 RCS-9611Ⅱ单元测控装置。

（3）线路的保护配置。

在 110kV 侧线路上，103 断路器和 105 断路器所在的金安Ⅰ线和金安Ⅱ线分别配置一套 PSL 621D 数字式电流差动保护装置；104 断路器和 106 断路器所在的马隆线和定隆线各配置一套 RCS-941 输电线路成套保护装置。

35kV 侧线路保护是在各支线上配置一套 RCS-9612A Ⅱ输电线路保护装置，并配有三段定时限过电流保护。

10kV 侧线路保护是在各支线上配置一套 RCS-9611A Ⅱ输电线路保护装置，并配有三段定时限过电流保护；#1 电容配置的是一套 RCS-9631A Ⅱ电容器保护装置，#2 电容、#3 电容配置的是一套 RCS-9633A Ⅱ电容器保护装置，三者均配有三段定时限过电流保护、过电压保护、低电压保护。

（4）自动装置配置。

110kV 系统配有一套型号为 SSD 540F 的故障解列装置和一套型号为 RCS-9652 的Ⅱ型备自投装置。

（5）故障录波装置。

110kV 系统配有一套型号为 FTR-01 的故障录波器。

（6）监控系统。

监控系统具有数据采集与处理、控制、自动调节电压、报表打印、画面显示、历史数据库、通信、语音报警、音响报警和系统对时功能。

（7）测控装置。

测控装置采用的是 RCS-9607 Ⅱ、RCS-9603 Ⅱ、RCS-9604 Ⅱ等型号的测控装置。

（8）站用直流系统设备配置。

110kV 仿真变电站的直流系统为 220V 电压等级，配有一台 220V 直流充电柜、一台直流馈线柜、一组 220V 蓄电池组、一台 WJY3000A 型绝缘监测装置主机和一台 JKQ-3000A 集中监控器。220V 直流系统采用单母线接线方式。

二、自动化监控系统巡视项目

通过自动化监控系统，集控站（监控中心）可以对其管辖的变电站实行遥测、遥信、遥控、遥调和遥视（五遥），实现各种远方操作监视和控制等功能。由于自动化监控系统主要包括计算机设备、远动设备、通信设备、网络设备和信息传输通道等，因此，电气值班员对自动化监控系统的巡视主要包括对设备外观、工作状态和工作环境等进行检查，同时要检查自动化监控系统的异常信号、运行状态和监控功能。自动化监控系统巡视的内容如下。

（1）计算机柜、远动屏、通信屏、装置屏、机柜上的各种装置、显示窗口操作面板、组合开关等是否清洁及完整，是否安装牢固，信号灯显示是否正常、有无异常信号。

（2）自动化监控系统有无异常信息、报警信息、报文信息、上传信息等，是否出现故障信号、异常信号、动作信号、断线信号、温度信号、过负荷信号等；事件记录、操作日志、运行曲线、报表等是否异常，并对监控信息进行分析判断。

（3）自动化监控系统显示的运行状态与实际运行状态是否一致，对各监控画面进行切换，检查频率、电压、电流、功率、电量等实时数据和参数显示是否正常。

（4）自动化监控系统"五遥"功能、自检功能和自恢复功能是否正常。

（5）各种保护装置和监测装置的电源指示、时间显示、各信号指示灯是否显示正确，通信是否正常，液晶显示是否与实际相符。

对于无人值班变电站的巡视，应使用自动化监控系统认真监控设备运行情况，做好各种有关记录。在监控机上检查各站有无信号发出，以及各站的有功功率、无功功率、电流、电压是否正常。集控站（监控中心）应能对所辖各无人值班变电站实施监控，实现防火、防盗自动报警和远程图像监控。

三、继电保护及自动装置巡视项目

1. 巡视内容

（1）各种控制屏、信号屏、保护装置、自动装置、直流屏和站用屏等是否清洁，屏上所有装置和元件的标识是否齐全；屏上的装置、显示板、面板、开关、压板等是否清洁及完整，有无破损、锈蚀，是否安装牢固。

（2）继电保护及自动装置屏上的保护压板、切换开关、组合开关的投入位置是否与一次设备的运行状态相对应；信号灯显示是否正常，有无异常信号；装置的打印纸是否足够。

（3）控制屏、信号屏、直流屏和站用屏上的自动空气开关、熔断器、小隔离开关等的投入位置是否正确，信号灯显示是否正常，有无异常信号。

（4）断路器和隔离开关等的位置信号是否正确，分、合显示是否与实际相符。

（5）各种装置的电源指示、信号指示是否正确，液晶显示是否与实际相符。

（6）控制柜、端子箱、操作箱、端子盒的门是否关好，有无损坏；保护屏、端子箱、接线电缆的孔洞是否密封。

（7）继电保护室、开关室、直流室等的温度和相对湿度是否符合规定。

2. 维护内容

（1）定期对继电保护及自动装置进行采样值检查、可查询的开入量状态检查和时钟校对，检查周期一般不超过一个月，并应做好记录。

（2）每年按规定打印一次全站各继电保护及自动装置定值单，与存档的正式定值单进行核对，并在打印定值单上记录核对日期、核对人，保存该定值直到下次核对。

（3）应每月检查打印机的打印纸是否充足、打印字迹是否清晰，及时加装打印纸和更换打印机色带。

（4）加强对保护室空调、通风装置等的管理，使保护室内相对湿度不超过 75%，环境温度应在 5～30℃范围内。

（5）应按规定进行专用载波通道的测试工作。

① 有人值班变电站：按规定时间（该时间由本单位确定，线路两端的测试时间一般应错开 4h 以上）进行通道测试，并填写记录单，记录数据应包括天气状况、收发信号灯状况、电平指示、告警灯状况等内容。

② 无人值班变电站：通过监控中心每日进行远方测试。运行人员对变电站进行常规巡视时，应进行一次各线路专用载波通道的测试，并做好记录。

③ 无论变电站是否有人值守，在下列情况下应增加一次通道测试：断路器转代及恢复原断路器运行时，对转代线路增加通道测试；线路停电转运行时，对该线路增加通道测试；线路保护工作完毕投运时，对该线路增加通道测试。

④ 天气恶劣（如大雾或线路结冰）时，通道测试工作由 24h 一次改为 4h 一次，直至天气状况转好且通道测试正常。

四、站用直流系统巡视项目

站用直流系统巡视中的例行巡视、全面巡视和特殊巡视的内容如下。

1. 例行巡视

站用直流系统例行巡视的内容主要包括检查运行方式、电压是否正确，直流电流是否正常等。

（1）对蓄电池组进行巡视，检查蓄电池室的门窗是否严密，有无渗漏水的情况；蓄电池外观是否清洁，有无短路、接地，壳体有无裂纹、漏液，连接条有无腐蚀、松动现象。

（2）对充电装置进行巡视，检查监测装置是否运行正常，有无异常和告警信号，电压、电流是否均正常，充电模块是否运行正常，风扇运转是否正常，有无噪声或异常发热。检查直流控制母线电压、动力合闸母线电压及蓄电池组浮充电压是否在规定范围内，浮充电流是否符合规定，各电气元件的标识是否正确，断路器的操作把手位置是否正确。

（3）对馈电屏进行巡视，检查绝缘监测装置是否运行正常；直流系统绝缘状态是否良好；各支路直流断路器位置是否正常，指示是否正确；各电气元件标识和指示是否正常；直流断路器的操作把手位置是否正确。

2. 全面巡视

全面巡视在例行巡视的基础上增加了五点内容，包括仪表、屏柜、通风情况、抄录及防火情况。

（1）检查仪表是否在检验周期内。

（2）检查屏内是否清洁，屏体外观是否完好，屏门开合是否自如。

（3）检查直流屏内的通风散热系统是否完好。

（4）检查抄录的蓄电池检测数据是否正常。

（5）检查防火及封堵措施是否完善。

3. 特殊巡视

在以下情况下，要对站用直流系统进行特殊巡视。

（1）新安装、检修、改造后的站用直流系统投运后，应进行特殊巡视。

（2）蓄电池核对性充放电期间应进行特殊巡视。

（3）站用直流系统交流失压、直流失压、直流接地、熔断器熔断等异常现象处理完毕后，应进行特殊巡视。

（4）出现自动空气开关跳闸、熔断器熔断等异常现象后，应巡视保护范围内各直流回路的电气元件有无过热、损坏和明显故障现象。

站用直流系统特殊巡视的内容如下。

（1）检查蓄电池带负载时间是否严格控制在规定的时间范围内。

（2）检查控制母线电压、动力母线电压及蓄电池组的电压是否在正常范围内。

（3）检查各支路直流断路器的位置是否正确。

（4）检查各支路的运行监控信号是否完好，指示是否正确。

（5）交流电源恢复后，应检查直流电源的运行工况，直到直流电源恢复到浮充方式运行，才可结束特殊巡视。

【任务成果】

1．提交二次设备巡视的巡视作业指导卡。

2．提交二次设备巡视及维护的操作记录。

【任务评价】

本任务的完成情况体现了学生对二次设备巡视及维护相关知识和技能的掌握程度，请根据任务完成情况填写表 3-6。

表 3-6　二次设备巡视及维护操作任务完成情况评价表

序号	考核项目或标准		评价结果		
			组员自评	小组互评	教师评价
1	实施过程	二次设备巡视及维护相关知识的学习情况			
		二次设备巡视及维护操作任务的完成情况			
2	职业素质	安全作业情况			
		工作状态情况			
		团队协作情况			
3	任务成果	二次设备巡视及维护操作任务：操作熟练、过程正确			
		二次设备巡视及维护操作记录：记录完整、条理清晰			

注：评价结果分为 A（优秀）、B（良好）、C（中等）、D（合格）、E（加油）5 个等级。

【思考提高】

1．对二次设备进行巡视的目的是什么？

2．简述二次设备巡视过程中的注意事项。

学习情景四 倒闸操作

变电站一般有多条进出线路，出于故障、检修或运行的需要，对这些线路进行停电和送电的倒闸操作是变电站运行中经常遇到的一项工作。为保证人身和设备安全，进行规范、正确的倒闸操作是对电气值班员的基本要求。

【教学目标】

知识目标

1. 掌握断路器、线路、母线、变压器倒闸操作的基本原则及注意事项。
2. 熟悉操作票的填写规定。

能力目标

1. 具备对断路器、线路、母线、变压器进行停送电倒闸操作的能力。
2. 熟练掌握接受调度指令、填写操作票、模拟预演、正式操作和操作终结等操作流程。

素质目标

1. 培养学生树立立志成才、技能报国的远大理想。
2. 培养学生团结协作、诚信守法、爱岗敬业的职业道德。
3. 培养学生主动思考、服从指挥、及时汇报、遵章守纪、规范操作的职业素养。

【教学环境】

本学习情景建议在发电厂与变电站仿真实训室中进行一体化教学，机位要求：至少能满足每两个学生共同使用一台计算机，最好能为每个学生配备一台计算机。仿真系统相关资料、线上教学课程及相应的多媒体课件等教学资源应配备齐全。

知识点　倒闸操作的原则和方法

一、倒闸操作概述

1. 倒闸操作的概念

当设备由一种状态转换到另一种状态或改变电力系统的运行方式时，需

倒闸操作概述

要进行一系列的操作，这种操作叫作倒闸操作。

2. 倒闸操作的目的

（1）改变设备的运行状态。

（2）改变电力系统的运行方式。

3. 设备的状态

（1）运行状态：指设备的断路器及隔离开关都处于合闸状态，电源与受电端间的电路接通（包括辅助设备，如电压互感器、避雷器等）。

（2）热备用状态：指设备的断路器处于分闸状态，而隔离开关处于合闸状态，断路器一经合闸，电路即接通，设备转为运行状态。

（3）冷备用状态：指设备的断路器及隔离开关均处于分闸状态。其显著特点是该设备与其他带电部分之间有明显的断开点。

设备冷备用应包括将相应的电压互感器转为冷备用，即断开电压互感器高压侧隔离开关及低压侧熔断器，若电压互感器高压侧无隔离开关，则断开低压熔断器后，设备即处于冷备用状态。

（4）检修状态：指设备处于冷备用状态并设有安全措施，即被检修设备两侧装设了保护接地线或合上了接地刀闸，并悬挂了工作标示牌，安装了临时遮栏。

二、倒闸操作的内容及注意事项

1. 倒闸操作的内容

倒闸操作的内容及注意事项

倒闸操作既包括一次设备的操作，也包括二次设备的操作，其内容如下。

（1）拉开或合上某些断路器和隔离开关。

（2）拉开或合上接地刀闸（拆除或挂上接地线）。

（3）装上或取下某些控制回路、合闸回路、电压互感器回路的熔断器。

（4）投入或停用某些继电保护及自动装置，并改变其整定值。

（5）改变变压器或消弧线圈的分接头。

2. 倒闸操作的注意事项

（1）进行倒闸操作时，不允许将设备的电气和机械防误闭锁装置解除，若特殊情况下需解除，必须经值长或值班负责人同意。

（2）操作时，应戴绝缘手套，穿绝缘鞋（靴）。

（3）发生雷电时，禁止进行倒闸操作。雨天操作室外高压设备时，绝缘杆应有防雨罩。

（4）装卸高压熔断器时，应戴护目镜和绝缘手套，必要时使用绝缘夹钳，并站在绝缘胶垫或绝缘台上。

（5）装设接地线或合上接地刀闸前，应先验电。

（6）设备停电后，即使是事故停电，在未拉开有关隔离开关和做好安全措施前，也不得触及设备或进入遮栏，以防突然来电。

三、倒闸操作的原则及步骤

1. 倒闸操作的原则

运行人员在进行倒闸操作时，应遵守下列原则。

（1）拉、合隔离开关及手车式断路器送电之前，必须检查并确认断路器在断开位置（母线倒闸操作例外，此时母联断路器必须合上）。

（2）严禁带负荷拉、合隔离开关，所装电气和机械防误闭锁装置不能随意退出。

（3）停电时，先断开断路器，再拉开负荷侧隔离开关，最后拉开电源侧隔离开关；送电时，先合上电源侧隔离开关，再合上负荷侧隔离开关，最后合上断路器。

（4）当在操作过程中发现误合隔离开关时，不可把已合上的隔离开关重新拉开；当在操作过程中发现误拉隔离开关时，不可把已拉开的隔离开关重新合上。只有用手动蜗轮传动的隔离开关，在动触头未离开静触头刀刃之前，允许将误拉的隔离开关重新合上，不再操作。

制定上述规定的原因是隔离开关无灭弧装置，不能用于带负荷接通或断开电路，否则操作隔离开关时，将会在隔离开关的触头间产生电弧，引起三相短路事故。断路器有灭弧装置，只能用断路器接通或断开有负荷电流的电路。

2. 倒闸操作的步骤

1）正常情况下倒闸操作的步骤

（1）接受调度指令。

当系统调度员下达操作任务时，操作前，预先用电话或传真将操作票（包括操作目的和操作项目）下达给发电厂的值长或变电站的值班长。值长或值班长接受操作任务时，应将系统调度员下达的任务复诵一遍，并将电话录音或传真件妥善保管。当发电厂的值长向电气值班长或变电站的值班长向值班员下达操作任务时，要说明操作目的、操作项目、设备状态。接受任务者接到操作任务后，复诵一遍，并将其记入操作记录本。值班长向值班员（操作人、监护人）下达操作任务时，除上述要求外，还应交代安全事项。

（2）填写操作票。

值班长接受操作任务后，立即指定监护人和操作人，并进行任务分工和危险点分析。操作票由操作人填写，如果单项操作任务的操作票已输入计算机，则根据操作任务由计算机开出操作票。填写操作票的目的是拟定具体的操作内容和顺序，防止在操作过程中发生顺序颠倒或漏项的情况。

填写好操作票以后，必须经过以下三次审查。

① 自审。由操作票填写人自己审查。

② 初审。由监护人审查。

③ 复审。由值班负责人（值班长、值长）审查，特别重要的操作票应由技术负责人审查。

审票人应认真检查操作票中的内容是否有漏项，操作顺序是否正确，操作术语的使用是否正确，内容是否简单明了，有无错漏字等。三审无误后，各审票人均应在操作票上签字，操作票经值班负责人签字后生效。正式操作待系统调度员或值班长（值长）下令后执行。

（3）模拟预演。

正式操作之前，监护人、操作人应先在模拟图板上按照操作票上所列项目和顺序进行模拟操作，监护人按操作票的项目顺序唱票，操作人复诵后在模拟图板上进行操作，最后一次核对操作票的正确性。

（4）正式操作。

在正式操作前，必须有系统调度员或值班长（值长）发布的正式操作命令。系统调度员发布操作命令时，监护人、操作人同时受令，并由监护人按照填写的操作票向发令人复诵，经双方核对无误后，在操作票上填写发令人、受令人的姓名和发令时间；值班长（值长）发布操作命令时，监护人、操作人同时受令，监护人、操作人接到操作命令后，确认值班长（值长）、监护人、操作人均在操作票上签名后，记录发令时间。

倒闸操作必须至少由两人进行，即一人操作，一人监护。监护人一般由技术水平较高、经验较丰富的值班员担任，操作人应由熟悉业务的值班员担任。对于特别重要和复杂的倒闸操作，由技术水平高、经验丰富的值班员操作和监护，值班负责人担任第二监护人。

监护人和操作人做好必要的准备工作后，携带操作工具进入现场，进行正式的倒闸操作。操作设备时，必须执行唱票、复诵制度。每进行一项操作，其程序都是唱票→对号→复诵→核对→下令→操作→复查→做执行记号"√"。具体地说，就是每进行一项操作，监护人按照操作票中所列的项目先唱票，然后操作人按照唱票项目的内容查对设备名称、编号、自己所处位置、操作方向（四个对照），确定无误后，手指所要操作的设备（对号），复诵操作命令；监护人听到操作人复诵的操作命令后，再次核对设备名称、编号无误，最后下令"正确，执行"；操作人听到监护人下达的执行命令"正确，执行"后方可进行操作；操作完一项后，复查该项，检查该项操作结果和正确性，如断路器实际分、合位置，机械指示灯，信号指示灯，表计变化情况等，并在操作票上该项编号前做一个记号"√"。按上述操作程序依次操作后续各项。

一张操作票操作完毕，操作人、监护人应全面复查一遍，检查操作过的设备是否正常，仪表指示、信号指示、联锁装置等是否正常，并总结本次操作情况。

（5）操作终结。

操作结束后，监护人应立即向发令人汇报操作情况、结果、操作开始和结束时间，经发令人认可后，由操作人在操作票上盖"已执行"章。监护人将操作任务、操作开始和结束时间记入操作记录本，并将安全工器具归位，整理、归档、上传运行记录表等资料。

2）处理事故时倒闸操作的步骤

在处理事故时，为了迅速切除故障，限制事故的发展，迅速恢复供电，并使系统频率、电压恢复正常，可以不用操作票进行操作，但需遵守安全工作规程中的有关规定。事故处理后的一切善后操作仍应按正常情况下的倒闸操作步骤进行。

四、操作票的填写规定

1. 操作票格式

操作票格式如图 4-1 所示。

变电站（发电厂）操作票

操作单位：　　　　　　　　　　　编号　　　　　　　　　　　第 页 共 页

发令人		受令人		发令时间： 年 月 日 时 分
操作开始时间： 年 月 日 时 分				操作结束时间： 年 月 日 时 分
（ ）监护操作				（ ）单人操作
操作任务：				

执行（√）	序号	操　作　项　目	操作时间
备　注			

操作人：　　　　　　监护人：　　　　　　值班长（值长）：

图 4-1　操作票格式

2. 操作票的填写规定

（1）操作票用钢笔或圆珠笔填写，颜色选择蓝色或黑色，票面应字迹工整、清楚，字体使用标准简化汉字，日期、时间、设备编号、接地线编号、主变挡位、定值及定值区号等应使用阿拉伯数字。

（2）操作票不得任意涂改，其中设备双重名称、接地线组数及编号、动词（如拉、合、拆除、装设）等重要文字严禁出现错误。

（3）操作票应使用统一的调度术语和操作术语。

（4）操作票中的年、月、日、时（24 小时制）按实数填写，分钟按两位数填写，不足两位的前面加 0。

（5）操作票盖章规定如下。

① 操作票填写完并经审核正确后，应立即在操作票操作项目栏最后一项下面左边平行盖"以下空白"章；若操作票一页刚好填写完，则不盖"以下空白"章。也可在最后一个操作项目的下一行空白处打终止号"⅃"，表示以下无任何操作。

② 操作票执行完后，应立即在操作票操作项目栏最后一项下面右边齐边线平行盖"已执行"章；若操作票一页刚好填写完，则"已执行"章盖在备注栏。

③ 若一个操作任务使用了几页操作票，而倒闸操作因故中断，则应在此操作任务未执行的各页操作票的操作任务栏盖"未执行"章。

④ 因故作废的操作票，应立即在操作任务栏最左端齐边线处平行盖"作废"章。

3.　操作票上填写的内容

（1）操作票以变电站（发电厂）为单位，以年为周期，任务应连续编号；按页号顺序填写，不得跳页、缺页。

（2）操作票中第一栏的填写内容。

第一项填写发令人姓名，一般是调度值班人员；第二项填写受令人姓名，必须是运行单位明确有权接受调度指令的人员；第三项填写发令时间。

（3）操作票中第二栏的填写内容。

第一项填写操作开始时间，填写的是正式操作时间；第二项填写操作结束时间，在操作票所列操作项目全部执行完毕后填写，若操作项目虽未全部执行但因故不再执行其余操作项目时，最后一项已执行操作项目的时间即为操作结束时间。

（4）操作票中第三栏的填写内容。

第三栏为操作任务栏。

① 按统一的调度术语简明扼要地说明要执行的操作任务，所有涉及的一次设备均应写出电压等级和设备双重名称。所有操作任务按设备状态填写，不得填写具体工作任务。

② 每页操作票只能填写一个操作任务。一个操作任务是指根据调度指令，为了相同的操作目的而进行的一系列相关联并依次进行的操作过程，如母线倒闸操作或母线停电、送电操作，切换电压互感器的操作，倒两台主变及主变相关的分段（母联）断路器的操作，停电一台主变或送电一台主变的操作，倒站用电源及其他电源线的操作，进、出线及倒负荷操作。

（5）操作票中第四栏的填写内容。

第四栏为操作项目栏。

① 第一列为执行列，当某一个具体操作项目执行完毕后，在该操作项目对应的执行列做一个"√"记号；第二列为序号列，填写操作项目的序号，按顺序用阿拉伯数字连续编号；第三列为操作项目列，填写操作项目内容；第四列是操作时间列，一般只需记录主要设备（如断路器、隔离开关、主保护装置等）的操作时间。

② 当一个操作任务有多页操作票时，应在前一页操作票的操作项目栏最后一行内填写"接下页"，续页的操作项目栏第一行填写"接上页"。每一页操作票的行数是固定的，不可随意增加或减少。

（6）操作票中第五栏的填写内容。

第五栏为备注栏，填写需补充说明的内容，如该操作票依据的调度指令，因故未执行或在操作进行到某一项无法继续（如雷雨、雷电闪烁严重、设备失修拉不开或合不上等）致使操作任务完不成的原因。

（7）签字栏的填写内容。

操作人、监护人和值班长（值长）应根据电气主接线图和现场实际情况核对操作票，并分别在对应栏内签字，严禁代签。

任务 4.1　断路器倒闸操作

【任务描述】

对断路器进行停电和送电的倒闸操作是发电厂或变电站运行中经常进行的一项工作。本任务旨在使学生在掌握倒闸操作的原则及步骤、操作票的填写规定的基础上，依据 110kV 仿真变电站写出 35kV 隆那线 303 断路器由运行转检修这一操作任务正确的操作票，并能按票操作，在 110kV 仿真变电站上完成任务。

【相关知识】

一、断路器操作

1. 断路器停电操作的注意事项

（1）对于终端线路，应先检查负荷是否为零；对于并列运行的线路，在一条线路停电前应考虑保护定值的调整，并注意在断开该线路后，另一条线路是否过负荷；对于联络线，应考虑断开该线路后是否会引起本站电源线过负荷。若有疑问，应问清调度后再操作。

（2）断路器分闸后，若发现绿灯不亮且红灯熄灭，则应立刻断开该断路器的控制电源开关（或取下熔断器），以防跳闸线圈被烧毁。

（3）在手车式断路器被拉出后，应观察隔离挡板是否可靠封闭。

（4）在检修断路器时，必须断开该断路器二次回路的所有电源开关（或取下熔断器），停用相应的母差保护跳闸及断路器失灵启动连接片。

2. 断路器送电操作的注意事项

（1）操作前应确认送电范围内所有安全措施已拆除，断路器分位指示正确且在分位，断路器二次回路的所有电源开关已合上（或重新安装熔断器），油断路器的油色、油位正常。对于 SF_6 断路器，气体压力应在规定范围内；对于采用液压、气压操作机构的断路器，其储能装置压力应在允许范围内。

（2）断路器合闸前必须确认有关保护已恢复至停电前状态，其母差保护电流互感器端子已可靠接入差动回路，并投入相应的母差保护跳闸及断路器失灵启动连接片。

（3）用断路器控制对终端送电时，若发现指针型电流表指示到最大刻度（或数字型电流表显示的电流过大），则说明合于故障，继电保护应动作跳闸，若未跳闸，应立即手动拉开该断路器；用断路器控制对联络线送电时，有一定数值的电流是正常的；用断路器控制对主变进行充电合闸时，由于变压器励磁涌流的存在，指针型电流表会瞬间指示较大数值（数字型电流表瞬间显示较大电流）后马上返回。

二、隔离开关操作

1. 隔离开关的操作顺序

停电时先拉开负荷侧隔离开关，再拉开电源侧隔离开关。送电操作的顺序与停电操作的顺序相反，这是为了当出现带负荷拉合隔离开关情况时，能尽量将事故范围降到最小（限制在负荷侧）。

2. 隔离开关操作的注意事项

（1）操作隔离开关时，断路器必须在分位，并经核对编号无误后，方可操作。

（2）手动操作隔离开关前，应先拔出操作机构的定位销子，再进行分合闸；操作后应及时确认定位销子已销牢，以防因隔离开关自动分合闸而造成事故。

（3）电动操作隔离开关前，应先合上该隔离开关的控制电源空气开关，操作后应及时断开，以防因隔离开关自动分合闸而造成事故。若电动操作失灵，改为手动操作，则应在手动操作前断开该隔离开关的控制电源空气开关。

（4）进行隔离开关分闸操作时，若动触头刚离开静触头就产生弧光，则应迅速合上隔离开关并停止操作，检查是否为误操作引起的电弧。操作人员在操作隔离开关前，应先判断拉开隔离开关时是否会产生弧光，切断环流或充电电流时产生弧光是正常现象。

（5）进行隔离开关合闸操作时，若合到底发现有弧光或为误合，则不准再将隔离开关拉开，以免由于误操作而发生带负荷拉隔离开关，导致事故扩大。

（6）进行隔离开关操作后，应检查操作过程及操作后设备状态良好。合闸时三相同期且接触良好，分闸时三相断口的张开角度或闸刀的拉开距离符合要求。检查正常后应及时加锁。

【任务实施】

根据倒闸操作的原则及步骤，正确填写 110kV 仿真变电站 35kV 隆那线 303 断路器由运行转检修这一操作任务的操作票，并结合《国家电网公司电力安全工作规程　变电部分》及其他相关规定，在仿真系统中进行倒闸操作。

35kV 隆那线 303 断路器
由运行转检修倒闸操作
仿真演练

一、倒闸操作过程

以 110kV 仿真变电站 35kV 隆那线 303 断路器由运行转检修这一操作任务来模拟演练断路器倒闸操作的全过程。全过程共有接受调度指令、填写操作票、模拟预演、正式操作和操作终结 5 个环节。

1. 接受调度指令

下达操作预令时间是××年××月××日××时××分，地调综自第××号票，操作任务是 110kV 仿真变电站 35kV 隆那线 303 断路器由运行转检修。

技术要点如下。

（1）接通电话后，互报单位和姓名。

值班长：你好，我是 110kV 仿真变电站值班长王一。

（2）调度员下令给变电站值班长，使用设备双重名称编号。

调度员：你好，我是地调调度员赵一。现在向你下达操作预令，地调综自第××号票，操作任务是 110kV 仿真变电站 35kV 隆那线 303 断路器由运行转检修，下达预令时间是××年××月××日××时××分。

（3）记录指令，并复诵。

值班长：现在向你复诵确认。地调综自第××号票，操作任务是 110kV 仿真变电站 35kV 隆那线 303 断路器由运行转检修，发令人是调度员赵一，受令人是 110kV 仿真变电站值班长王一，下达操作预令时间是××年××月××日××时××分。

调度员：正确，请拟好操作票后向我汇报。

值班长：好的，再见！

2. 填写操作票

（1）任务分工。

① 根据操作任务的要求，指定合格的监护人和操作人。

值班长：刚才调度员下达操作预令，操作任务为 110kV 仿真变电站 35kV 隆那线 303 断路器由运行转检修。现在进行人员分工：值班员张一，由你担任操作人，由我担任监护人。操作任务及人员分工是否明确？

值班员：已明确操作任务为 110kV 仿真变电站 35kV 隆那线 303 断路器由运行转检修，由我担任操作人。

② 根据当时的运行方式和设备状况，详细布置操作任务，交代注意事项，安排操作人填写操作票。

③ 在交代任务时，要全程录音，双方站立面对面。

（2）危险点分析。

① 明确本次操作的目的、内容和过程。

② 根据操作任务和设备现状，对可能出现的危险进行预测和预控。

③ 尽可能将危险点列举出来，并制定相应的措施。

值班长（监护人）：现在进行危险点分析，一是本次操作须遵守"五防"，需要进行模拟预演；二是本次操作存在走错间隔的危险，在操作时注意核对设备双重编号；三是操作过程中一定要保持与带电设备的安全距离；四是操作过程中必须使用安全工器具，做好安全防护。以上情况是否明确？

值班员（操作人）：已明确！

（3）填写操作票。

技术要点如下。

① 操作人在明确操作任务和危险点的基础上，对照模拟图板和设备现状，填写操作票。

值班员（操作人）：现在开始填写操作票！

② 操作人在填写操作票时，要对整个操作过程做到心中有数。

（4）审核操作票。

技术要点如下。

① 操作人对操作票自行核对正确之后，再交由监护人进行审核。

② 若审核后发现有误，应立即销毁，重新填写。

③ 对于特别重要和复杂的操作，还应由站长或相关技术人员进行审核。

值班员（操作人）：操作票已拟好，请审核。

值班长（监护人）：（逐项核对）正确无误，可以打印，可以签名。

3. 模拟预演

在操作实际设备前，监护人和操作人必须先在监控系统后台机或微机防误机上进行模拟预演。模拟预演时，由监护人按操作票所列项目逐项下令，由操作人复诵并模拟操作。

技术要点如下。

① 打开录音笔，从模拟预演开始直至正式操作结束，均应使用录音笔进行全过程录音。

② 当监护人唱票时，操作人应手指监控系统后台机或微机防误机上对应的设备进行复诵，监护人审核复诵内容和手指指向正确后，下达执行命令："正确，执行"。操作人在监控系统后台机或微机防误机上进行模拟操作。模拟操作完成后，操作人应认定设备已操作到位，向监护人汇报"已执行"，监护人与操作人再次共同核查操作无误后，方可进行下一步的操作。

③ 对于无法在监控系统后台机或微机防误机上模拟预演的操作步骤，如投退保护压板、检查操作后的设备位置、检查负荷分配、检验设备确无电压等也应进行唱票、复诵。

④ 模拟预演结束后，应再次核对设备的运行方式与操作预令是否相符。

⑤ 模拟预演结束后，操作人进行计算机传票，传票完毕，操作人检查正确后将计算机钥匙取下，交监护人收执。

4. 正式操作

（1）申请正令。

技术要点如下。

① 接通电话后，讲话前打开录音设备。

② 接通电话后，互报单位和姓名。

③ 下达调度指令时，使用设备双重名称编号。

值班长（监护人）：（启动录音）你好，我是110kV仿真变电站值班长王一。

调度员：你好，我是地调调度员赵一。请讲。

值班长（监护人）：根据地调综自第××号票调令内容，已拟好操作票，请指示。

调度员：××年××月××日××时××分发布正式命令，110kV 仿真变电站 35kV 隆那线 303 断路器由运行转检修，立即执行。

值班长（监护人）：现在向你复诵。××年××月××日××时××分，发令人是调度员赵一，受令人是值班长王一，将 110kV 仿真变电站 35kV 隆那线 303 断路器由运行转检修，立即执行。

调度员：正确，请你操作完毕后向我汇报，再见。

值班长：好的，再见。

（2）实施操作。

① 下达正式任务并记录相关信息。

值班长（监护人）：（向操作人）现在下达正式操作任务。地调综自第××号票，××年××月××日××时××分，将 110kV 仿真变电站 35kV 隆那线 303 断路器由运行转检修，立即执行。

值班员（操作人）：是。现在填写发令人、受令人、发令时间。（填写）

② 准备安全工器具。

监护人和操作人来到安全工器具室，准备操作过程需要的安全工器具，包括安全帽两顶、绝缘手套一双、验电器一套、标示牌一套等。其中，安全帽的检查内容包括日期是否合格，外观、内衬与系带是否完好；绝缘手套的检查内容包括日期是否合格，外观是否完好。采用充气法对绝缘手套进行检测，若绝缘手套鼓起，则表明绝缘手套状况良好。

（3）操作实施。

① 正式操作时，操作人在前携带安全工器具，监护人在后携带操作票、闭锁钥匙，监护操作人走向正确的操作间隔。

② 操作要求：手到眼到，注意力集中，严肃认真。

③ 监护人大声唱票，操作人复诵。

④ 每完成一项操作后，在该项对应的操作时间列写上操作时间，在该项对应的执行列打"√"。

⑤ 正式操作过程详见微课视频。

5. 操作终结

（1）向调度员汇报。

① 在操作结束后，将结果汇报给调度员。

值班长（监护人）：（启动录音）你好，我是 110kV 仿真变电站值班长王一。

调度员：你好，我是地调调度赵一。请讲。

值班长（监护人）：××年××月××日××时××分，我们已将 110kV 仿真变电站 35kV 隆那线 303 断路器由运行转检修。

调度员：××年××月××日××时××分，你们已将 110kV 仿真变电站 35kV 隆那线 303 断路器由运行转检修。

值班长（监护人）：确认无误，再见。

② 在操作票上填写操作结束时间。

③ 在操作票上盖"已执行"章。

（2）将安全工器具归位。

（3）整理归档。

① 填写运行记录表：操作设备、操作内容、操作时间等。

② 上传录音。

③ 对本次操作进行评价，重点应包括操作过程中发现的问题及整改措施。

二、断路器倒闸操作主要步骤

110kV 仿真变电站 35kV 隆那线 303 断路器由运行转检修倒闸操作的主要步骤如下。

（1）退出 35kV 隆那线重合闸出口压板 14LP2。

（2）断开 35kV 隆那线 303 断路器。

（3）确认 35kV 隆那线 303 断路器的指示位置在分位。

（4）开锁，将 35kV 隆那线 3033 隔离开关控制箱内的"就地/远方转换把手"切换至"就地"位置。

（5）拉开 35kV 隆那线 3033 隔离开关。

（6）确认 35kV 隆那线 3033 隔离开关在合位。

（7）断开 35kV 隆那线 3033 隔离开关的电机电源空气开关。

（8）断开 35kV 隆那线 3033 隔离开关的控制电源空气开关，上锁。

（9）开锁，将 35kV 隆那线 3031 隔离开关控制箱内的"就地/远方转换把手"切换至"就地"位置。

（10）拉开 35kV 隆那线 3031 隔离开关。

（11）确认 35kV 隆那线 3031 隔离开关在合位。

（12）断开 35kV 隆那线 3031 隔离开关的电机电源空气开关。

（13）断开 35kV 隆那线 3031 隔离开关的控制电源空气开关，上锁。

（14）断开 35kV 隆那线 303 断路器的储能电源开关。

（15）断开 35kV 隆那线 303 断路器的加热照明开关。

（16）验明 35kV 隆那线 3033 隔离开关与电流互感器之间三相无电压。

（17）开锁，立即合上 35kV 隆那线 30338 接地刀闸。

（18）确认 35kV 隆那线 30338 接地刀闸在合位，上锁。

（19）验明 35kV 隆那线 3031 隔离开关与 303 断路器之间三相无电压。

（20）立即合上 35kV 隆那线 30318 接地刀闸。

（21）确认 35kV 隆那线 30318 接地刀闸在合位，上锁。

（22）断开 35kV 线路保护测控屏隆那线 303 断路器的保护电压空气开关 14ZKK。

（23）断开 35kV 线路保护测控屏隆那线 303 断路器的保护装置及控制电源空气开关 14K。

（24）退出 35kV 隆那线保护跳闸出口压板 14LP1。

（25）合上 35kV 隆那线 303 断路器的保护装置检修压板 14LP5。

（26）在 35kV 隆那线 3031 隔离开关处挂"禁止合闸，有人工作"标示牌。

（27）在 35kV 隆那线 3033 隔离开关处挂"禁止合闸，有人工作"标示牌。

（28）确认 35kV 监控图中隆那线 303 断路器的状态与现场一致，处于检修状态。

【任务成果】

1. 提交 110kV 仿真变电站 35kV 隆那线 303 断路器由运行转检修操作任务的操作票。
2. 提交 110kV 仿真变电站 35kV 隆那线 303 断路器由运行转检修倒闸操作的操作记录。

【任务评价】

本任务的完成情况体现了学生对断路器倒闸操作相关知识和技能的掌握程度，请根据任务完成情况填写表 4-1。

表 4-1　断路器倒闸操作任务完成情况评价表

序号	考核项目或标准		评价结果		
			组员自评	小组互评	教师评价
1	实施过程	断路器倒闸操作相关知识和技能的学习情况			
		110kV 仿真变电站 35kV 隆那线 303 断路器由运行转检修操作任务的完成情况			
2	职业素质	安全作业情况			
		工作状态情况			
		团队协作情况			
3	任务成果	110kV 仿真变电站 35kV 隆那线 303 断路器由运行转检修操作任务的操作票：填写正确			
		110kV 仿真变电站 35kV 隆那线 303 断路器由运行转检修操作任务：动作熟练、过程正确			
		110kV 仿真变电站 35kV 隆那线 303 断路器由运行转检修操作记录：记录完整、条理清晰			

注：评价结果分为 A（优秀）、B（良好）、C（中等）、D（合格）、E（加油）5 个等级。

【思考提高】

1. 断路器倒闸操作的基本原则有哪些？
2. 简述断路器倒闸操作过程中的注意事项。
3. 110kV 仿真变电站 35kV 隆那线 303 断路器由检修转运行倒闸操作的主要操作步骤有哪些？写出正确的操作票并在仿真系统中进行操作练习。
4. 在仿真系统中练习其他电压等级断路器的倒闸操作。

任务 4.2　线路倒闸操作

【任务描述】

变电站线路具有传输电能的作用，变电站一般有多条进出线路，线路的运行工况复杂，为满足负荷的供电需求及在固定的周期内检修、设备故障检修等工况的要求，需要对线路进行停送电操作。本任务旨在使学生在掌握倒闸操作原则及步骤、操作票的填写规定的基础上，依据 110kV 仿真变电站写出 110kV 仿真变电站 110kV 金安 I 线由运行转检修这一操作任务正确的操作票，并能按票操作，在仿真系统中完成任务。

【相关知识】

（1）线路停电操作应按下面的步骤进行。

① 断开线路断路器。

② 断开负荷侧隔离开关、电源侧隔离开关及线路电压互感器隔离开关。

③ 在线路侧验明三相无电压后挂接地线（或合上线路接地刀闸），并悬挂"禁止合闸，有人工作"标示牌。

线路送电操作的顺序与线路停电操作的顺序相反。

（2）在任何情况下通过断路器对线路送电时，若线路保护为退出状态，则应先将线路保护投入，再进行线路送电操作。

【任务实施】

根据倒闸操作的原则及步骤，正确填写 110kV 仿真变电站 110kV 金安 I 线由运行转检修这一操作任务的操作票，并结合《国家电网公司电力安全工作规程　变电部分》及其他相关规定，在仿真系统中进行线路倒闸操作。

线路倒闸操作的全过程也包括接受调度指令、填写操作票、模拟预演、正式操作和操作终结 5 个环节，和断路器倒闸操作基本相同，此处不再赘述。

110kV 仿真变电站 110kV 金安 I 线由运行转检修倒闸操作的主要步骤如下。

（1）退出 110kV 金安 I、II 线线路保护屏金安 I 线重合闸压板 1-1LP2。

（2）断开 110kV 金安 I 线 103 断路器。

（3）确认 110kV 金安 I 线 103 断路器的指示位置在分位。

（4）把 110kV 金安 I 线线路侧 1033 隔离开关控制箱内的"就地/远方转换把手"切换至"就地"位置。

（5）拉开 110kV 金安 I 线线路侧 1033 隔离开关。

（6）确认 110kV 金安 I 线线路侧 1033 隔离开关在分位。

（7）断开 110kV 金安 I 线线路侧 1033 隔离开关操作箱内的电机电源空气开关。

（8）断开 110kV 金安 I 线线路侧 1033 隔离开关操作箱内的加热照明电源空气开关。

（9）断开 110kV 金安 I 线线路侧 1033 隔离开关操作箱内的控制电源空气开关。

（10）把 110kV 金安 I 线线路侧 1031 隔离开关控制箱内的"就地/远方转换把手"切换至"就地"位置。

（11）拉开 110kV 金安 I 线母线侧 1031 隔离开关。

（12）确认 110kV 金安 I 线母线侧 1031 隔离开关在分位。

（13）断开 110kV 金安 I 线母线侧 1031 隔离开关操作箱内的电机电源。

（14）断开 110kV 金安 I 线母线侧 1031 隔离开关操作箱内的加热照明电源。

（15）断开 110kV 金安Ⅰ线母线侧 1031 隔离开关操作箱内的控制电源。

（16）断开 110kV 金安Ⅰ线对侧 103-2 断路器。

（17）断开 110kV 金安Ⅰ线对侧 1038 隔离开关。

（18）验明 110kV 金安Ⅰ线线路侧 1033 隔离开关出线侧三相无电压。

（19）开锁，把 110kV 金安Ⅰ线线路侧 10337 接地刀闸控制箱内的"就地/远方转换把手"切换至"就地"位置。

（20）立即合上 110kV 金安Ⅰ线线路侧 10337 接地刀闸。

（21）确认 110kV 金安Ⅰ线线路侧 10337 接地刀闸在合位。

（22）断开 110kV 金安Ⅰ线线路侧 10337 接地刀闸操作箱内的电机电源空气开关。

（23）断开 110kV 金安Ⅰ线线路侧 10337 接地刀闸操作箱内的加热照明电源空气开关。

（24）断开 110kV 金安Ⅰ线线路侧 10337 接地刀闸操作箱内的控制电源空气开关。

（25）断开 110kV 金安Ⅰ线 103 断路器操作箱内的加热电源空气开关。

（26）断开 110kV 金安Ⅰ线 103 断路器操作箱内的储能电源空气开关。

（27）断开 110kV 金安Ⅰ线 103 断路器操作箱内的电机电源空气开关。

（28）断开 110kV 金安Ⅰ线 103 断路器操作箱内的加热照明空气开关。

（29）断开 110kV 金安Ⅰ线 103 断路器操作箱内的插座空气开关。

（30）断开 110kV 金安Ⅰ、Ⅱ线线路保护屏金安Ⅰ线 103 断路器的保护电压空气开关 1-1ZKK。

（31）断开 110kV 金安Ⅰ、Ⅱ线线路保护屏金安Ⅰ线 103 断路器的控制电源空气开关 1-1DK2。

（32）断开 110kV 金安Ⅰ、Ⅱ线线路保护屏金安Ⅰ线 103 断路器的保护装置电源空气开关 1-1DK1。

（33）断开 110kV 金安Ⅰ、Ⅱ线线路测控屏金安Ⅰ线 103 断路器的保护电压空气开关 1ZKK。

（34）退出 110kV 金安Ⅰ、Ⅱ线线路测控屏金安Ⅰ线 103 断路器的测控装置电源空气开关 1K。

（35）确认 110kV 监控图中 110kV 金安Ⅰ线的状态与现场一致，处于检修状态。

【任务成果】

1．提交 110kV 仿真变电站 110kV 金安Ⅰ线由运行转检修操作任务的操作票。

2．提交 110kV 仿真变电站 110kV 金安Ⅰ线由运行转检修倒闸操作的操作记录。

【任务评价】

本任务的完成情况体现了学生对线路倒闸操作相关知识和技能的掌握程度，请根据任务完成情况填写表 4-2。

表 4-2　线路倒闸操作任务完成情况评价表

序号	考核项目或标准		评价结果		
			组员自评	小组互评	教师评价
1	实施过程	线路倒闸操作相关知识和技能的学习情况			
		110kV 仿真变电站 110kV 金安 I 线由运行转检修操作任务的完成情况			
2	职业素质	安全作业情况			
		工作状态情况			
		团队协作情况			
3	任务成果	110kV 仿真变电站 110kV 金安 I 线由运行转检修操作任务的操作票：填写正确			
		110kV 仿真变电站 110kV 金安 I 线由运行转检修操作任务：动作熟练、过程正确			
		110kV 仿真变电站 110kV 金安 I 线由运行转检修操作记录：记录完整、条理清晰			

注：评价结果分为 A（优秀）、B（良好）、C（中等）、D（合格）、E（加油）5 个等级。

【思考提高】

1．线路倒闸操作的基本原则有哪些？

2．简述线路倒闸操作过程中的注意事项。

3．110kV 仿真变电站 110kV 金安 I 线由检修转运行倒闸操作的主要操作步骤有哪些？写出正确的操作票并在仿真系统中进行操作练习。

4．在仿真系统中练习其他电压等级线路的倒闸操作。

任务 4.3　母线倒闸操作

【任务描述】

母线具有汇集和分配电能的作用，是构成电气主接线的主要设备，为保证电力系统的安全、稳定运行，避免可能出现的各种缺陷和故障，需要在固定的周期内对其进行检修，即进行停送电操作。本任务旨在使学生在掌握倒闸操作的原则及步骤、操作票的填写规定的基础上，熟悉母线倒闸操作的原则、注意事项，依据仿真系统写出 35kV I 母由运行转检修这一操作任务正确的操作票，并能按票操作，在仿真系统中完成任务。

【相关知识】

一、母线倒闸操作的原则

母线倒闸操作的原则

母线倒闸操作是发电厂或变电站运行中经常进行的一项工作，需遵循以下原则。

（1）运行中的双母线，当一组母线上的部分或全部断路器（包括热备用状态下的断路器）倒至另一组母线时，应确保母联断路器及其隔离开关为合闸状态。

① 对于微机型母差保护，在进行母线倒闸操作前应先做出相应切换（如投入互联或投入单母线方式连接片等），并注意检查切换后的情况（指示灯及相应光字牌亮），然后短时将母联断路器改为非自动方式。当母线倒闸操作结束后，应自行将母联断路器恢复为自动方式，且将母差保护的运行方式改为与一次系统的运行方式一致。

② 操作隔离开关时，应遵循"先合后拉"的原则（热倒）。其操作方法有两种：一种是先合上全部应合上的隔离开关，后拉开全部应拉开的隔离开关；另一种是先合上一组应合上的隔离开关，后拉开相应的一组应拉开的隔离开关。

③ 在母线倒闸操作过程中，要严格检查各回路母线侧隔离开关的位置指示情况（应与现场一次系统的运行方式一致），确保回路电压切换可靠；对于不能自动切换的，应采用手动切换，并做好防止误动作的措施，即切换前停用保护，切换后投入保护。

（2）对于母线上的热备用线路，当需要将热备用线路由一组母线倒至另一组母线时，应先将该线路由热备用转为冷备用，再将其操作调整至另一组母线上热备用，即遵循"先拉后合"的原则（冷倒），以免发生通过两条母线侧隔离开关合环或解环的误操作事故，这种操作无须将母联断路器改为非自动方式。

（3）运行中双母线的并列、解列操作必须由断路器来完成。进行母线倒闸操作时，应考虑各组母线负荷和电源分布的合理性。若要使一组运行母线及母联断路器停电，应在母线倒闸操作结束后，先断开母联断路器，再拉开停电母线侧隔离开关，最后拉开运行母线侧隔离开关。

（4）若要使单母线停电，应先断开停电母线上所有负荷的断路器，后断开电源断路器，再将所有间隔设备（包括母线电压互感器、站用变压器等）转为冷备用，最后将母线三相短路并接地。恢复送电时的操作顺序与停电时的操作顺序相反。

二、母线倒闸操作的注意事项

（1）对检修完工的母线送电前，应检查母线设备是否完好，有无接地点。

**母线倒闸操作的
注意事项**

（2）用断路器向母线送电前，应将空母线上只能用隔离开关控制送电的附属设备，如母线电压互感器、避雷器等先行投入。

（3）当停用运行双母线中的一组母线时，要做好防止运行母线电压互感器对停用母线电压互感器反送电的措施，即母线为转热备用后，应先断开该母线电压互感器的所有二次电压自动空气开关（或取下熔断器），再拉开该母线电压互感器的高压隔离开关（或取下熔断器）。

（4）进行双母线的母线倒闸操作时，应注意线路的继电保护及自动装置、电能表所用的电压互感器电源的相应切换。若不能将其切换到运行母线电压互感器上，则在操作前将这些保护停用。

（5）无论是回路的母线倒闸操作还是母线停电的母线倒闸操作，在合上（或拉开）某回路母线侧隔离开关后，都应及时检查该回路保护电压切换箱所对应的母线指示灯及微机型母差保护回路的位置指示灯是否指示正确。

进行母线停电的母线倒闸操作后，在拉开母联断路器之前，再次检查回路是否已全部倒至另一组运行母线上，并检查母联断路器电流指示（应为零）；当拉开母联断路器后，检查停电母线上的电压指示（应为零）。

（6）在母线侧隔离开关合上的过程中，若可能发生较大火花，应依次先合上距母联断路器最近的母线侧隔离开关，以尽量减少母线侧隔离开关操作时的电位差；拉开时的操作顺序与之相反。

（7）对带有电容器的母线进行停送电操作时，停电前应先拉开电容器的断路器，以防母线过电压，危及设备安全，送电后再合上电容器的断路器。

【任务实施】

110kV 仿真变电站 35kV Ⅰ 母由运行转检修倒闸操作仿真演练

根据母线倒闸操作的原则及倒闸操作的步骤，正确填写 110kV 仿真变电站 35kV Ⅰ母由运行转检修这一操作任务的操作票，并结合《国家电网公司电力安全工作规程 变电部分》及其他相关规定，在仿真系统中进行母线倒闸操作。

母线倒闸操作的全过程也包括接受调度指令、填写操作票、模拟预演、正式操作和操作终结 5 个环节，和断路器倒闸操作基本相同，此处不再赘述。

110kV 仿真变电站 35kV Ⅰ母由运行转检修倒闸操作的主要步骤如下。

（1）退出 35kV 隆那线重合闸出口压板 14LP2。

（2）断开 35kV 隆那线 303 断路器。

（3）确认 35kV 隆那线 303 断路器的指示位置在分位。

（4）开锁，将 35kV 隆那线 3033 隔离开关控制箱内的"就地/远方转换把手"切换至"就地"位置。

（5）拉开 35kV 隆那线 3033 隔离开关。

（6）确认 35kV 隆那线 3033 隔离开关在分位。

（7）开锁，将 35kV 隆那线 3031 隔离开关控制箱内的"就地/远方转换把手"切换至"就地"位置。

（8）拉开 35kV 隆那线 3031 隔离开关。

（9）确认 35kV 隆那线 3031 隔离开关在分位。

（10）断开 35kV 隆那线 3033 隔离开关的电机电源空气开关。

（11）断开 35kV 隆那线 3033 隔离开关的控制电源空气开关，上锁。

（12）断开 35kV 隆那线 3031 隔离开关的电机电源空气开关。

（13）断开 35kV 隆那线 3031 隔离开关的控制电源空气开关，上锁。

（14）断开 35kV 隆那线 303 断路器的储能电源空气开关。

（15）断开 35kV 隆那线 303 断路器的加热照明空气开关。

（16）退出 35kV 隆雁线重合闸出口压板 11LP2。

（17）断开 35kV 隆雁线 305 断路器。

（18）确认 35kV 隆雁线 305 断路器的指示位置在分位。

（19）开锁，将 35kV 隆雁线 3053 隔离开关控制箱内的"就地/远方转换把手"切换至"就地"位置。

（20）拉开 35kV 隆雁线 3053 隔离开关。

（21）确认 35kV 隆雁线 3053 隔离开关在分位。

（22）断开 35kV 隆雁线 3053 隔离开关的加热照明空气开关。

（23）断开 35kV 隆雁线 3053 隔离开关的电机电源空气开关。

（24）断开 35kV 隆雁线 3053 隔离开关的控制电源空气开关，上锁。

（25）开锁，将 35kV 隆雁线 3051 隔离开关控制箱内的"就地/远方转换把手"切换至"就地"位置。

（26）拉开 35kV 隆雁线 3051 隔离开关。

（27）确认 35kV 隆雁线 3051 隔离开关在分位。

（28）断开 35kV 隆雁线 3051 隔离开关的加热照明空气开关。

（29）断开 35kV 隆雁线 3051 隔离开关的电机电源空气开关。

（30）断开 35kV 隆雁线 3051 隔离开关的控制电源空气开关，上锁。

（31）断开 35kV 隆雁线 305 断路器的储能电源空气开关。

（32）断开 35kV 隆雁线 305 断路器的加热照明空气开关。

（33）退出 35kV 备自投装置 300 出口压板 51LP2。

（34）断开#1 主变 35kV 侧 301 断路器。

（35）确认#1 主变 35kV 侧 301 断路器的指示位置在分位。

（36）开锁，将#1 主变 35kV 侧 3014 隔离开关控制箱内的"就地/远方转换把手"切换至"就地"位置。

（37）拉开#1 主变 35kV 侧 3014 隔离开关。

（38）确认#1 主变 35kV 侧 3014 隔离开关在分位。

（39）断开#1 主变 35kV 侧 3014 隔离开关的电机电源空气开关。

（40）断开#1 主变 35kV 侧 3014 隔离开关的控制电源空气开关，上锁。

（41）开锁，将#1 主变 35kV 侧 3011 隔离开关控制箱内的"就地/远方转换把手"切换至"就地"位置。

（42）拉开#1 主变 35kV 侧 3011 隔离开关。

（43）确认#1 主变 35kV 侧 3011 隔离开关在分位。

（44）断开#1 主变 35kV 侧 3011 隔离开关的电机电源空气开关。

（45）断开#1 主变 35kV 侧 3011 隔离开关的控制电源空气开关，上锁。

（46）断开#1 主变 35kV 侧 301 断路器的储能电源空气开关。

（47）断开#1 主变 35kV 侧 301 断路器的加热照明空气开关。

（48）开锁，将 35kV Ⅰ母电压互感器 0351 隔离开关控制箱内的"就地/远方转换把手"切换至"就地"位置。

（49）断开 35kV Ⅰ母电压互感器 0351 隔离开关。

（50）确认 35kV Ⅰ母电压互感器 0351 隔离开关在分位。

（51）断开 35kV Ⅰ母电压互感器 0351 隔离开关的电机电源空气开关。

（52）断开 35kV Ⅰ母电压互感器 0351 隔离开关的控制电源空气开关，上锁。

（53）确认 35kV 母联 300 断路器的指示位置在分位。

（54）开锁，将 35kV 母联 3001 隔离开关控制箱内的"就地/远方转换把手"切换至"就地"位置。

（55）拉开 35kV 母联 3001 隔离开关。

（56）确认 35kV 母联 3001 隔离开关在分位。

（57）开锁，将 35kV 母联 3002 隔离开关控制箱内的"就地/远方转换把手"切换至"就地"位置。

（58）拉开 35kV 母联 3002 隔离开关。

（59）确认 35kV 母联 3002 隔离开关在分位。

（60）断开 35kV 母联 3001 隔离开关的加热照明空气开关。

（61）断开 35kV 母联 3001 隔离开关的电机电源空气开关。

（62）断开 35kV 母联 3001 隔离开关的控制电源空气开关，上锁。

（63）断开 35kV 母联 3002 隔离开关的加热照明空气开关。

（64）断开 35kV 母联 3002 隔离开关的电机电源空气开关。

（65）断开 35kV 母联 3002 隔离开关的控制电源空气开关，上锁。

（66）断开 35kV 母联 300 断路器的储能电源空气开关。

（67）断开 35kV 母联 300 断路器的加热照明空气开关

（68）验明 35kV 母联 3001 隔离开关 I 母侧三相无电压。

（69）开锁，将 35kV 母联 30017 接地刀闸控制箱内的"就地/远方转换把手"切换至"就地"位置。

（70）合上 35kV 母联 30017 接地刀闸。

（71）确认 35kV 母联 30017 接地刀闸在分位。

（72）断开 35kV 母联 30017 接地刀闸的加热照明空气开关。

（73）断开 35kV 母联 30017 接地刀闸的电机电源空气开关。

（74）断开 35kV 母联 30017 接地刀闸的控制电源空气开关，上锁。

（75）在 35kV 隆那线 3031 隔离开关处挂"禁止合闸，有人工作"标示牌。

（76）在 35kV 备用Ⅲ线 3041 隔离开关处挂"禁止合闸，有人工作"标示牌。

（77）在 35kV 隆雁线 3051 隔离开关处挂"禁止合闸，有人工作"标示牌。

（78）在 35kV Ⅰ 母电压互感器 0351 隔离开关处挂"禁止合闸，有人工作"标示牌。

（79）在 #1 主变 35kV 侧 3011 隔离开关处挂"禁止合闸，有人工作"标示牌。

（80）确认 35kV 监控图中 I 母的状态与现场一致，处于检修状态。

【任务成果】

1．提交 110kV 仿真变电站 35kV Ⅰ 母由运行转检修操作任务的操作票。

2．提交 110kV 仿真变电站 35kV Ⅰ 母由运行转检修倒闸操作的操作记录。

【任务评价】

本任务的完成情况体现了学生对母线倒闸操作相关知识和技能的掌握程度，请根据任务完成情况填写表 4-3。

表 4-3 母线倒闸操作任务完成情况评价表

序号	考核项目或标准		评价结果		
			组员自评	小组互评	教师评价
1	实施过程	母线倒闸操作相关知识和技能的学习情况			
		110kV 仿真变电站 35kV Ⅰ母由运行转检修操作任务的完成情况			
2	职业素质	安全作业情况			
		工作状态情况			
		团队协作情况			
3	任务成果	110kV 仿真变电站 35kV Ⅰ母由运行转检修操作任务的操作票：填写正确			
		110kV 仿真变电站 35kV Ⅰ母由运行转检修操作任务：动作熟练、过程正确			
		110kV 仿真变电站 35kV Ⅰ母由运行转检修操作记录：记录完整、条理清晰			

注：评价结果分为 A（优秀）、B（良好）、C（中等）、D（合格）、E（加油）5 个等级。

【思考提高】

1．不同类型母线的倒闸操作有哪些区别？

2．简述母线倒闸操作过程中的注意事项。

3．110kV 仿真变电站 35kV Ⅰ母由检修转运行倒闸操作的主要步骤有哪些？写出正确的操作票，并在仿真系统中进行操作练习。

4．在仿真系统中练习其他电压等级母线的倒闸操作。

任务 4.4 变压器倒闸操作

【任务描述】

变压器是发电厂及变电站中极其重要的设备之一，为避免其可能出现的各种缺陷和故障，需要在固定的周期内对其进行检修，检修完成之后，还要恢复其原来的运行状态，即进行变压器倒闸操作。本任务旨在使学生在掌握倒闸操作的原则及步骤、操作票的填写规定的基础上，熟悉变压器倒闸操作的原则、注意事项，依据仿真系统写出#1 主变由运行转检修这一操作任务正确的操作票，并能按票操作，在仿真系统中完成任务。

【相关知识】

变压器倒闸操作的原则

一、变压器倒闸操作的原则

变压器倒闸操作需遵循以下原则。

（1）在 110kV 及以上中性点直接接地系统中，进行变压器停送电及变压器向母线送电操作前，必须将变压器中性点接地分闸合上，操作完毕后根据系统的运行要求决定拉开与否。

（2）拉合运行中变压器中性点接地分闸的操作必须由所辖调度发令。在操作运行中的 110kV 或 220kV 双绕组及三绕组变压器时，若需断开中性点直接接地系统侧的断路器，则应先合上该侧的中性点接地刀闸。

（3）对于中低压侧均有电源的变电站，至少应有一台变压器的中性点接地。在双母线运行时，母联断路器跳闸后应保证被分开的两个系统中至少有一台变压器的中性点接地。

（4）变压器投运时，应选择继电保护完备、励磁涌流影响较小的一侧送电。在进行变压器送电操作时，应先从电源侧送电，再送至负荷侧；当两侧或三侧均有电源时，应先从高压侧送电，再送至低压侧，并按继电保护的要求调整变压器中性点的接地方式。在进行变压器停电操作时，应先停负荷侧，再停电源侧；当两侧或三侧均有电源时，应先停低压侧，再停高压侧。

（5）进行变压器送电操作前，应检查送电侧母线电压及变压器分接头位置，保证送电后各侧电压不超过其相应挡位电压的 5%。

（6）对带有消弧线圈接地的变压器进行停电操作前，必须先将消弧线圈断开，并且不得将两台变压器的中性点同时接到一个消弧线圈上。

（7）对于新投运或大修后的变压器，应进行核相，确认无误后方可并列运行。新投运的变压器一般进行空载冲击合闸 5 次，大修后的变压器应进行空载冲击合闸 3 次。

二、变压器倒闸操作的注意事项

变压器倒闸操作的
注意事项

（1）变压器由检修转运行前，应确认其各侧中性点的接地刀闸处于合闸状态。

（2）当变压器处于运行状态时，若需要倒换其变压器中性点接地方式，应先合上另一台变压器中性点的接地刀闸后，再拉开某变压器中性点的接地刀闸。

（3）两台变压器并列运行前，应确认两台变压器有载调压分接头指示一致。当有载调压变压器与无励磁调压变压器并列运行时，有载调压变压器的电压挡位应尽量调节到靠近无励磁调压变压器的分接电压的位置。并列运行的变压器，其调压操作必须遵循逐级调节原则，即将一台变压器调节一级后再调节另一台变压器，不得单独在一台变压器上连调两级。

（4）两台变压器并列运行时，如果一台变压器需要停电，则在未拉开该变压器断路器之前应检查总负荷情况，确保该变压器停电后不会导致另一台变压器过负荷。

（5）投入备用的变压器后，应先根据标记指示确认该变压器已带负荷，再停下运行中的变压器。

（6）对已停电的变压器，若其继电保护中有联跳，则应停用其联跳连接片。在操作变压器前，应派专人在现场监督，若有异常，立即停止操作。

【任务实施】

110kV 仿真变电站#1
主变由运行转检修倒
闸操作仿真演练

根据变压器倒闸操作的原则及倒闸操作的步骤，正确填写 110kV 仿真变电站#1 主变由运行转检修这一操作任务的操作票，并结合《国家电网公司电力安全工作规程 变电部分》及其他相关规定，在仿真系统中进行倒闸操作。

变压器倒闸操作的全过程也包括接受调度指令、填写操作票、模拟预演、正式操作和操作终结 5 个环节，和断路器倒闸操作基本相同，此处不再赘述。

110kV 仿真变电站#1 主变由运行转检修倒闸操作的主要步骤如下。

（1）确认#1 主变 110kV 侧中性点直接接地的 1010 接地刀闸在分位。

（2）确认#2 主变 35kV 侧中性点经消弧线圈接地的 3020 接地刀闸在合位。

（3）开锁，将#2 主变 110kV 侧中性点直接接地的 1020 接地刀闸控制箱内的"就地/远方转换把手"切换至"就地"位置。

（4）立即合上#2 主变 110kV 侧中性点直接接地的 1020 接地刀闸。

（5）确认#2 主变 110kV 侧中性点直接接地的 1020 接地刀闸在合位。

（6）断开#2 主变 110kV 侧中性点直接接地的 1020 接地刀闸的电机电源空气开关。

（7）断开#2 主变 110kV 侧中性点直接接地的 1020 接地刀闸的加热照明空气开关。

（8）断开#2 主变 110kV 侧中性点直接接地的 1020 接地刀闸的控制电源空气开关，上锁。

（9）退出 10kV 母联备自投压板 51LP2。

（10）合上 10kV 母联 900 断路器。

（11）确认 10kV 母联 900 断路器的指示位置在合位。

（12）断开#1 主变 10kV 侧 901 断路器。

（13）确认#1 主变 10kV 侧 901 断路器的指示位置在分位。

（14）退出 35kV 母联备自投压板 51LP2。

（15）合上 35kV 母联 300 断路器。

（16）确认 35kV 母联 300 断路器的指示位置在合位。

（17）断开#1 主变 35kV 侧 301 断路器。

（18）确认#1 主变 35kV 侧 301 断路器的指示位置在分位。

（19）断开#1 主变 110kV 侧 101 断路器。

（20）确认#1 主变 110kV 侧 101 断路器的指示位置在分位。

（21）开锁，将#1 主变 10kV 侧 901 断路器的手车摇至试验位。

（22）确认#1 主变 10kV 侧 901 断路器的手车试验位指示灯亮，即 901 的手车处于试验位，上锁。

（23）开锁，将#1 主变 35kV 侧 3014 隔离开关控制箱内的"就地/远方转换把手"切换至"就地"位置。

（24）拉开#1 主变 35kV 侧 3014 隔离开关。

（25）确认#1 主变 35kV 侧 3014 隔离开关在分位。

（26）断开#1 主变 35kV 侧 3014 隔离开关的电机电源空气开关。

（27）断开#1 主变 35kV 侧 3014 隔离开关的控制电源空气开关，上锁。

（28）开锁，将#1 主变 35kV 侧 3011 隔离开关控制箱内的"就地/远方转换把手"切换至"就地"位置。

（29）拉开#1 主变 35kV 侧 3011 隔离开关。

（30）确认#1 主变 35kV 侧 3011 隔离开关在分位。

（31）断开#1 主变 35kV 侧 3011 隔离开关的电机电源空气开关。

（32）断开#1 主变 35kV 侧 3011 隔离开关的控制电源空气开关，上锁。

（33）断开#1 主变 35kV 侧 301 断路器的储能电源空气开关。

（34）断开#1 主变 35kV 侧 301 断路器的加热照明空气开关。

（35）开锁，将#1 主变 110kV 侧 1014 隔离开关控制箱内的"就地/远方转换把手"切换至"就地"位置。

（36）拉开#1 主变 110kV 侧 1014 隔离开关。

（37）确认#1 主变 110kV 侧 1014 隔离开关在分位，上锁。

（38）断开#1 主变 110kV 侧 1014 隔离开关的电机电源空气开关。

（39）断开#1 主变 110kV 侧 1014 隔离开关的控制电源空气开关，上锁。

（40）开锁，将#1 主变 110kV 侧 1011 隔离开关控制箱内的"就地/远方转换把手"切换至"就地"位置。

（41）拉开#1 主变 110kV 侧 1011 隔离开关。

（42）确认#1 主变 110kV 侧 1011 隔离开关在分位，上锁。

（43）断开#1 主变 110kV 侧 1011 隔离开关的电机电源空气开关。

（44）断开#1 主变 110kV 侧 1011 隔离开关的控制电源空气开关，上锁。

（45）断开#1 主变 110kV 侧 101 断路器的储能电源空气开关。

（46）断开#1 主变 110kV 侧 101 断路器的加热照明空气开关。

（47）开锁，将#1 主变 110kV 侧中性点的 1010 接地刀闸控制箱内的"就地/远方转换把手"切换至"就地"位置。

（48）立即断开#1 主变 110kV 侧中性点直接接地的 1010 接地刀闸。

（49）确认#1 主变 110kV 侧中性点直接接地的 1010 接地刀闸在分位。

（50）断开#1 主变 110kV 侧中性点直接接地的 1010 接地刀闸的电机电源空气开关。

（51）断开#1 主变 110kV 侧中性点直接接地的 1010 接地刀闸的加热照明空气开关。

（52）断开#1 主变 110kV 侧中性点直接接地的 1010 接地刀闸的控制电源空气开关，上锁。

（53）确认#1 主变 110kV 侧 1014 隔离开关主变侧三相无电压。

（54）开锁，合上#1 主变 110kV 侧 10147 接地刀闸。

（55）确认#1 主变 110kV 侧 10147 接地刀闸在合位，上锁。

（56）确认#1 主变 35kV 侧 3014 隔离开关主变侧三相无电压。

（57）开锁，合上#1 主变 35kV 侧 30147 接地刀闸。

（58）确认#1 主变 35kV 侧 30147 接地刀闸在合位，上锁。

（59）在#1 主变 110kV 侧 1014 隔离开关处挂"禁止合闸，有人工作"标示牌。

（60）在#1 主变 35kV 侧 3014 隔离开关处挂"禁止合闸，有人工作"标示牌。

（61）在#1 主变 10kV 侧 901 断路器处挂"禁止合闸，有人工作"标示牌。

（62）确认#1 主变监控图中#1 主变的状态与现场一致，处于检修状态。

【任务成果】

1．提交 110kV 仿真变电站#1 主变由运行转检修操作任务的操作票。
2．提交 110kV 仿真变电站#1 主变由运行转检修倒闸操作的操作记录。

【任务评价】

本任务的完成情况体现了学生对变压器倒闸操作相关知识和技能的掌握程度，请根据任务完成情况填写表 4-4。

表 4-4　变压器倒闸操作任务完成情况评价表

序号	考核项目或标准		评价结果		
			组员自评	小组互评	教师评价
1	实施过程	变压器倒闸操作相关知识和技能的学习情况			
		110kV 仿真变电站#1 主变由运行转检修操作任务的完成情况			
2	职业素质	安全作业情况			
		工作状态情况			
		团队协作情况			
3	任务成果	110kV 仿真变电站#1 主变由运行转检修操作任务的操作票：填写正确			
		110kV 仿真变电站#1 主变由运行转检修操作任务：动作熟练、过程正确			
		110kV 仿真变电站#1 主变由运行转检修操作记录：记录完整、条理清晰			

注：评价结果分为 A（优秀）、B（良好）、C（中等）、D（合格）、E（加油）5 个等级。

【思考提高】

1．在仿真系统中观察变压器的连接关系和运行状态。
2．简述变压器由运行转检修操作过程中的注意事项。
3．110kV 仿真变电站#1 主变由检修转运行的主要步骤有哪些？写出正确的操作票，并在仿真系统中进行操作练习。
4．在仿真系统中练习 110kV 仿真变电站#2 主变由运行转检修的倒闸操作。

学习情景五　异常及事故处理

在电力系统中，当设备受到不可抗拒的外力、设备缺陷、继电保护误动作、运行人员误操作等因素的影响时，不可避免地会异常运行或发生故障，如果处理不当，就会造成比较严重的故障，如引起电力系统运行异常、影响正常供电、造成设备损坏，甚至使电力系统振荡或瓦解，造成大面积停电，给人民的生命财产和社会稳定造成巨大威胁。严格执行电气事故处理规程，正确判断和及时处理变电站发生的各种异常及事故，是保障电力系统安全、稳定运行的重要措施，对防止和减少电力安全事故具有重要意义。

【学习目标】

知识目标

1. 了解异常及事故处理的基本原则、一般规定和基本流程。
2. 熟悉断路器、线路、母线、变压器异常及事故的现象。
3. 掌握断路器、线路、母线、变压器异常及事故的检查和处理措施。

能力目标

1. 能说出异常及事故处理基本原则、一般规定和基本步骤。
2. 能通过分析断路器、线路、母线、变压器异常及事故的现象，制定事故处理方案。
3. 能熟练对断路器、线路、母线、变压器异常及事故的工况进行故障处理。

素质目标

1. 培养学生树立安全意识，提高学生团结协作的基本素质。
2. 培养学生诚信守法、爱岗敬业的职业道德。
3. 培养学生主动思考、服从指挥、及时汇报、遵章守纪的职业素养。
4. 培养学生保障供电的责任心，增强学生守护万家灯火的自豪感。

【学习环境】

本学习情景建议在发电厂与变电站仿真实训室中进行一体化教学，机位要求：至少能满足每两个学生共同使用一台计算机，最好能为每个学生配备一台计算机。仿真系统相关资料、线上教学课程及相应的多媒体课件等教学资源应配备齐全。

知识点　异常及事故处理概述

变电站设备的工作状态可分为正常运行状态、异常运行状态、故障状态。正常运行状态是指设备在规定的外部环境条件（如额定电压、电流、介质、环境温度）下，保证连续、正常地达到额定工作能力的状态；异常运行状态是相对于正常运行状态而言的，指设备在规定的外部环境条件下，部分或全部失去额定工作能力的状态，如变压器过负荷；故障状态是指设备丧失部分或全部机能，不能维持运行状态，如变电站出现短路、断线故障。运行实践表明，若异常运行状态不能及时被消除，则设备可能逐渐发展为故障状态。

电力系统的事故是指由于电力系统设备故障或人员工作失误而使电能供应的数量或质量受到的影响超过规定范围的事件。事故可分为人身事故、电网事故和设备事故三类。其中，设备事故和电网事故又可分为特大事故、重大事故和一般事故。当电力系统发生事故时，变电站运行值班人员应根据断路器跳闸情况、保护动作情况、表计指示变化情况、监控后台信息和设备故障等迅速准确地判断事故性质，并尽快处理，以控制事故范围，减少损失和危害。

事故处理是指在发生危及人身、电网及设备安全的紧急状况或发生电网事故和设备事故时，为迅速解救人员、隔离故障设备、调整运行方式而采取措施，以便迅速恢复变电站正常运行的操作过程。如果异常及事故能得到正确及时的处理，损失就会降到最低。事故处理是一项很复杂的工作，它要求变电站运行值班人员具有良好的技术素质，并且熟悉变电站运行方式和设备的性能、结构、工作原理、运行参数，以及事故处理规程等专业知识。

变电站设备异常及事故处理是变电站运行值班人员需掌握的一项重要技能，其主要任务如下。

（1）迅速遏制设备异常、事故的发展，解除对人身、电网和设备安全的威胁，消除或隔离事故的根源。

变电站设备异常及故障处理的主要任务

（2）用一切可能的办法保持设备正常运行，确保站用电源和重要用户的供电。

（3）解网部分要尽快恢复并列运行。

（4）尽快恢复对已停电地区或用户的供电。

（5）调整电网运行方式，使其恢复正常。

一、设备缺陷处理流程

设备缺陷处理流程如图 5-1 所示，具体如下。

设备缺陷处理流程

（1）发现缺陷：通过巡视、检修和试验发现设备缺陷。

（2）缺陷定性：运行单位根据缺陷的危急程度进行准确分类、定性。

（3）缺陷处理：根据缺陷的危急程度分别进行处理。对于重大、紧急性缺陷，生产单位应立即汇报给生产管理部门，并组织人员进行处理。

（4）事故（异常）处理流程。

（5）设备检修流程。

（6）消缺记录：记录缺陷处理情况。

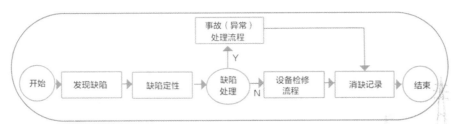

图 5-1 设备缺陷处理流程

二、事故处理的基本原则

事故处理的基本原则

（1）迅速遏制事故的发展，消除事故根源，解除对人身和设备安全的威胁。

（2）确保站用电的安全，设法保证站用电源的正常或者优先恢复站用电的运行。

（3）事故发生后，应根据当值值班长的安排，检查表计、保护、信号及自动装置的动作情况，并检查相关一次设备，根据检查情况进行综合分析，判断事故的性质及范围，迅速制定事故处理方案。

（4）处理事故时，应根据现场情况和有关规程中的规定启动备用设备，采取必要的安全措施，对未造成事故的设备进行安全隔离，保证其正常运行，防止事故扩大。

（5）在事故发展被遏制并趋于稳定时，应设法调整电力系统运行方式，让电力系统恢复正常，并尽快对已停电地区和用户恢复供电，同时应防止非同期并列和事故扩大。

（6）在事故处理过程中，应详细地做好重要操作及操作时间等记录，及时将事故处理情况报告给有关领导和值班调度员。

三、事故处理的一般规定

事故处理的一般规定

（1）发生事故时，值班人员要迅速、正确地查明原因，做好相关记录，并及时报告，执行调度指令及值班负责人的指示，然后按照规定正确处理。

（2）在处理事故时，当值值班长作为事故处理的直接指挥者，应留在主控制室，统一指挥，并与值班调度员保持联系。当值值班员必须服从当值值班长的分配，进行事故处理和设备检查。

（3）在事故处理过程中，相关领导和专责工程师必须到现场进行监督指导，必要时代替当值值班长亲自组织事故处理。

（4）交接班过程中发生的事故由交班人员负责处理，接班人员服从交班值班长的安排，协助处理。在系统没有恢复稳定或者值班负责人不同意交接班之前，不得进行交接班。

（5）处理事故时，值班人员必须严格执行发令、复诵、汇报、录音和记录制度。

（6）处理事故时，若下一个命令必须根据上一个命令的执行情况来确定，则发令人必须在接到命令执行人的亲自汇报后确定，不能经第三者传达，也不能根据其他信号判断命令的执行情况。

（7）发生事故时，各装置的动作信号不要急于复归，这样有利于对事故进行正确的分析和处理。

（8）变电站的技术人员应定期整理事故档案，并集中讨论事故处理的步骤正确与否，结合事故预想、反事故演习等对员工进行培训。

四、事故处理的基本流程

事故处理的基本流程

事故处理的基本流程如图 5-2 所示，具体如下。

（1）发现事故（异常）。

（2）汇报给当值调度员及运行单位。

（3）现场应急处理：运行单位组织现场应急处理。

（4）汇报给生产管理部门及分管领导：当值调度员将事故（异常）情况汇报给生产管理部门及分管领导。

（5）组织处理：调度部门组织电网应急处理。

（6）改变运行方式：判断是否改变运行方式。

（7）倒闸操作流程。

（8）组织抢修：生产管理部门依据现场实际及预案制定抢修方案，安排抢修。

（9）布置现场安全措施。

（10）事故抢修、异常处理。

（11）设备验收：事故（异常）抢修工作结束后，对设备进行验收。

（12）恢复运行方式。

（13）事故（异常）记录：对事故（异常）处理情况做好记录。

（14）事故（异常）处理评价：对事故（异常）处理情况进行评价，提出改进意见或措施。

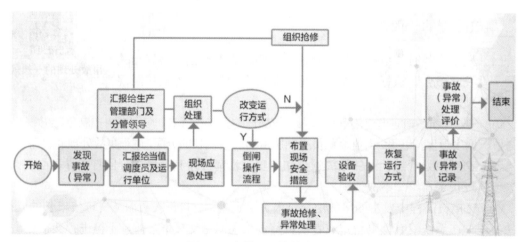

图 5-2 事故处理的基本流程

任务 5.1　断路器异常及事故处理

【任务描述】

负荷过大、天气复杂、机构缺陷等会导致断路器在运行中出现不正常现象，应及时予以消除和处理，并及时汇报给调度及运行单位领导。若出现威胁电力系统安全且不停电难以消除的缺陷，则应及时向调度汇报，申请停电处理。本任务以 110kV 仿真变电站 35kV 隆那线 303 断路器发生的 SF_6 压力降低闭锁事故为例，使学生在熟悉断路器基本结构和运行要求的基础上，正确掌握断路器异常及事故处理的步骤，并能在仿真系统中进行正确操作，完整填写断路器异常及事故处理汇报单。

【相关知识】

一、断路器异常及事故的现象

断路器异常及事故的现象

断路器常见异常及事故的现象有接头发热（见图 5-3）、套管瓷瓶破损且有放电痕迹、SF_6 断路器压力低（见图 5-4）、操作机构因卡涩而拒绝分合闸、非全相运行等。

当出现以下情况之一时，运行值班人员应立即汇报给调度并申请退出运行。

① 瓷瓶发生闪络放电（见图 5-5）、断路器瓷瓶破损（见图 5-6）、套管严重破损（见图 5-7）。

② SF_6 气体严重泄漏，SF_6 断路器发出闭锁信号（见图 5-8）。

③ 断路器操作机构（见图 5-9）卡涩，分闸弹簧脱落，传动杆断裂。

④ 真空断路器灭弧室（见图 5-10）的真空度降低，发出"咝咝"声。

图 5-3　接头发热

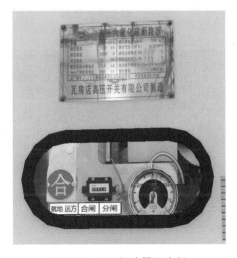

图 5-4　SF_6 断路器压力低

图 5-5　瓷瓶发生闪络放电

图 5-6　断路器瓷瓶破损

图 5-7　套管严重破损

图 5-8　SF₆断路器发出闭锁信号

图 5-9　断路器操作机构

图 5-10　真空断路器灭弧室

二、断路器异常及事故的检查和处理

断路器异常及事故的检查和处理

断路器异常及事故的检查和处理主要指 SF_6 气体压力降低和断路器拒绝分合闸时的检查和处理。

1. SF_6 气体压力降低

当 SF_6 气体压力降低时，处理步骤如下。

当 SF_6 气体开始泄漏，出现压力降低告警时，应立即到现场检查压力，注意加强监控，并向调度汇报，等候处理。

当 SF_6 气体泄漏严重，压力接近或降至闭锁值告警时，应立即到现场检查压力。若压力确实降至闭锁值，应立即将该断路器的控制电源空气开关断开，并将其控制把手切换至"就地"位置，同时汇报给调度，申请停电，等候处理。当压力低于闭锁值时，不得操作该断路器。

2. 断路器拒绝分合闸

当断路器拒绝分合闸时，应检查的项目包括操作是否不当、操作程序是否正确、控制电源空气开关是否合上、选择开关位置是否正确、SF_6 气体压力是否正常。

当断路器合于故障线路且保护动作跳闸时，禁止再次合上断路器，应汇报给调度，等候处理。若断路器本身存在故障或二次回路存在故障，也应立即汇报给调度，等候处理。

断路器拒绝分闸对电力系统安全运行的威胁很大，当某一单元发生故障时，一旦断路器拒动，将会造成上一级断路器跳闸，这一现象称为越级跳闸。这将扩大事故范围，甚至可能会导致电力系统解列，造成大面积停电的恶性事故。因此，拒绝分闸的危害比拒绝合闸更大。

当发生越级跳闸时，应在确认无电压的情况下用隔离开关使断路器退出运行。

【任务实施】

断路器异常及事故处理仿真演练

以 110kV 仿真变电站 35kV 隆那线 303 断路器发生的 SF_6 压力降低闭锁事故为例，分析断路器事故的处理过程，在仿真系统中进行正确的处理操作，并完整填写断路器异常及事故处理汇报单。

事故报警：××年××月××日××时××分××秒，综自系统（综合自动化系统）弹出"35kV 隆那线气压低闭锁"告警，如图 5-11 所示。

图 5-11 综自系统弹出"35kV 隆那线气压低闭锁"告警

事故处理包括检查汇报、紧急处理、分析原因、故障处理和记录报告 5 个步骤。

第一步：检查汇报，包括检查综自系统、检查保护装置、检查现场设备、向调度汇报 4 项内容。

（1）综自系统检查结果。

① 监控喇叭响。

② 弹出告警：35kV 隆那线气压低闭锁。

③ 35kV 隆那线 303 断路器仍为合闸运行状态，其他断路器状态无变化，各线路负荷无变化，如图 5-12 所示。

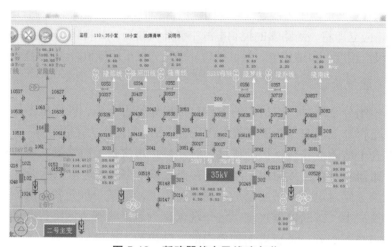

图 5-12　断路器状态及线路负荷

（2）保护装置检查结果。

保护装置没有动作。

（3）现场设备检查结果。

穿绝缘鞋（靴），戴绝缘手套和安全帽，到现场对 35kV 隆那线 303 断路器进行检查，发现：35kV 隆那线 303 断路器 SF$_6$ 压力表显示压力降低至闭锁值，如图 5-13 所示。

图 5-13　现场检查：303 断路器①气压低闭锁

---

① 110kV 仿真变电站中的"开关"均指断路器，正文中采用"断路器"这一术语。

（4）向调度汇报。

记录事故现象后，及时向调度及相关人员汇报，以使其及时、全面地掌握事故情况。调度进行分析判断，发出调度指令：35kV 隆那线 303 断路器由运行转检修。

第二步：紧急处理，包括对站用电源消失和其他紧急情况的处理。

本事故没有需要进行紧急处理的内容，按调度指令执行即可。

第三步：分析原因，包括事故原因和处理方法两方面内容。

（1）事故原因分析。

导致本事故发生的原因是 35kV 隆那线 303 断路器 SF_6 压力降低至闭锁值，该断路器已不能进行分闸操作。根据调度指令，要将该断路器退出运行，转为检修状态。

（2）处理方法。

本事故的处理方法是首先将#1 主变 35kV 侧 301 断路器和 35kV 隆雁线 305 断路器断开，使 35kV Ⅰ母得以停电，为 35kV 隆那线 303 断路器营造安全的检修环境；然后将 35kV 隆那线 303 断路器隔离；最后将#1 主变 35kV 侧和 35kV 隆雁线恢复送电。

第四步：故障处理，包括隔离故障和恢复送电两个过程。

（1）隔离故障。

① 将#1 主变 35kV 侧 301 断路器由运行转冷备用，301 断路器转冷备用后的监控系统显示和现场情况分别如图 5-14、图 5-15 所示；此时，35kV Ⅰ母、35kV 隆那线、35kV 隆雁线停电，负荷为 0，如图 5-16 所示。

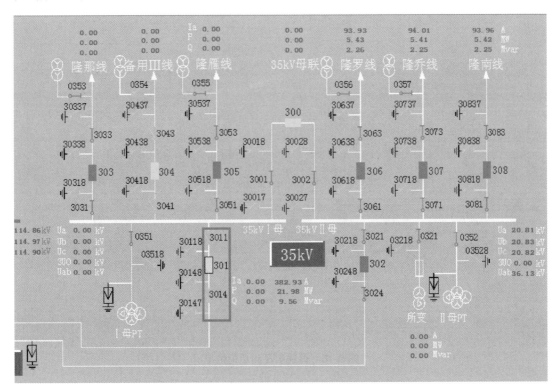

图 5-14 301 断路器转冷备用后的监控系统显示

图 5-15　301 断路器转冷备用后的现场情况

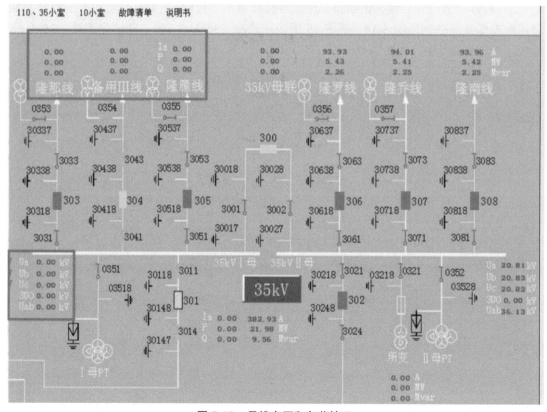

图 5-16　母线电压和负荷情况

② 将 35kV 隆雁线转冷备用，35kV 隆雁线转冷备用后的监控系统显示和现场情况分别如图 5-17、图 5-18 所示。

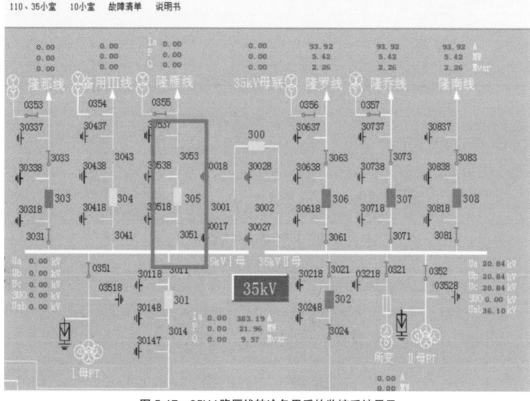

图 5-17　35kV 隆雁线转冷备用后的监控系统显示

图 5-18　35kV 隆雁线转冷备用后的现场情况

③ 进行五防解锁，五防解锁方法和五防解锁结果分别如图 5-19、图 5-20 所示。

④ 验电。

为防止带负荷拉隔离开关，应先验明 35kV 隆那线无电压。采用验电器进行验电，指示灯没有亮，表明无电压，如图 5-21 所示。

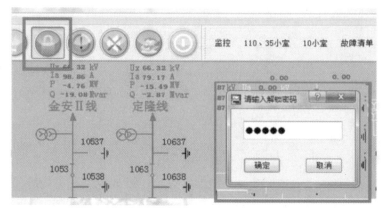

图 5-19　五防解锁方法

图 5-20　五防解锁结果

图 5-21　验电

⑤ 拉开 35kV 隆那线 3033、3031 隔离开关，3033、3031 隔离开关拉开后的监控系统显示和现场情况分别如图 5-22、图 5-23 所示。

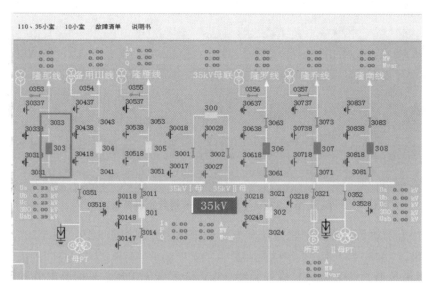

图 5-22　3033、3031 隔离开关拉开后的监控系统显示

图 5-23　3033、3031 隔离开关[1]拉开后的现场情况

⑥ 推接地刀闸，转检修。

在验明 35kV 隆那线无电压后，推上 35kV 隆那线 30318 和 30338 接地刀闸，将 35kV 隆那线 303 断路器转检修，303 断路器转检修后的监控系统显示和现场情况分别如图 5-24、图 5-25 所示。

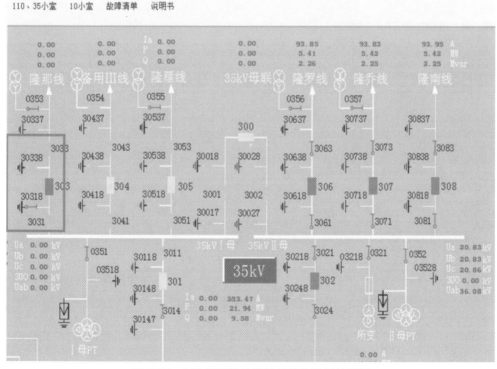

图 5-24　303 断路器转检修后的监控系统显示

---

① 110kV 仿真变电站中的"刀闸"指隔离开关，正文中均采用"隔离开关"这一术语。

图 5-25　303 断路器转检修后的现场情况

（2）恢复送电。

① 先将#1 主变 35kV 侧 301 断路器由冷备用转运行，301 断路器转运行后的监控系统显示和现场情况分别如图 5-26、图 5-27 所示。35kV Ⅰ母的电压也相应恢复，如图 5-28 所示。

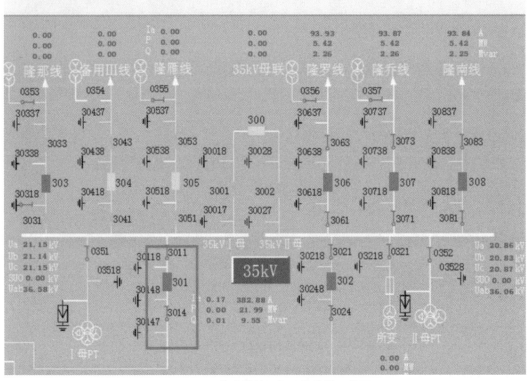

图 5-26　301 断路器转运行后的监控系统显示

图 5-27　301 断路器转运行后的现场情况

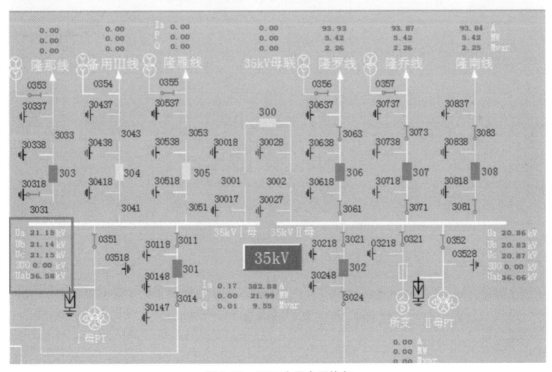

图 5-28　35kV Ⅰ母电压恢复

　　② 恢复 35kV 隆那线送电，35kV 隆那线恢复送电后的监控系统显示和现场情况分别如图 5-29、图 5-30 所示。

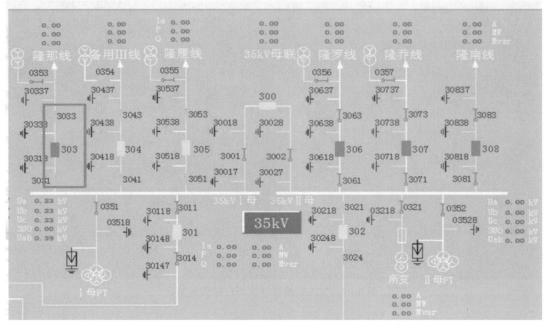

图 5-29　35kV 隆那线恢复送电后的监控系统显示

图 5-30　35kV 隆那线恢复送电后的现场情况

第五步：记录报告。

事故处理完毕后，值班人员还要向调度汇报：35kV 隆那线 303 断路器已转检修；其他设备恢复正常运行方式。

值班人员要完整填写断路器异常及事故处理汇报单（见表 5-1），根据断路器动作情况、保护及自动装置的动作情况、故障录波图及处理过程，整理详细的断路器异常及事故处理操作记录。

表 5-1　断路器异常及事故处理汇报单

断路器异常及事故处理汇报单
一、检查汇报（异常及事故现象） 1．检查综自系统 （1）监控喇叭响。 （2）弹出告警：35kV 隆那线气压低闭锁。 （3）35kV 隆那线 303 断路器仍为合闸运行状态，其他断路器状态无变化，各线路负荷无变化。 2．检查保护装置 没有动作。 3．检查现场设备 SF_6 压力表显示压力降低至闭锁值。 二、紧急处理 本事故没有需要进行紧急处理的内容。 三、分析原因 1．事故原因分析 35kV 隆那线 303 断路器 SF_6 压力降低至闭锁值，该断路器已不能进行分闸操作。根据调度指令，将该断路器退出运行，转为检修状态。 2．处理方法 （1）将#1 主变 35kV 侧 301 断路器和 35kV 隆雁线 305 断路器断开，使 35kV Ⅰ母得以停电，为 35kV 隆那线 303 断路器营造安全的检修环境。 （2）将 35kV 隆那线 303 断路器隔离后，再将#1 主变 35kV 侧和 35kV 隆雁线恢复送电。 四、事故处理 1．隔离故障 （1）将#1 主变 35kV 侧 301 断路器由运行转冷备用，35kV Ⅰ母、35kV 隆那线、35kV 隆雁线停电，负荷为 0。 （2）将 35kV 隆雁线转冷备用。 （3）进行五防解锁。 （4）验明 35kV 隆那线无电压后，拉开 35kV 隆那线 3033、3031 隔离开关。 （5）验明 35kV 隆那线无电压后，推上 35kV 隆那线 30318 和 30338 接地刀闸，将 35kV 隆那线 303 断路器转检修。 2．恢复送电 （1）将#1 主变 35kV 侧 301 断路器由冷备用转运行，35kV Ⅰ母电压恢复。 （2）恢复 35kV 隆雁线送电。 五、记录报告 35kV 隆那线 303 断路已转检修。 其他设备恢复正常运行方式。

【任务成果】

1．提交断路器异常及事故处理汇报单。

2．提交断路器异常及事故处理操作记录。

【任务评价】

本任务的完成情况体现了学生对断路器异常及事故处理相关知识和技能的掌握程度，

请根据任务完成情况填写表 5-2。

表 5-2　断路器异常及事故处理操作任务完成情况评价表

序号	考核项目或标准		评价结果		
			组员自评	小组互评	教师评价
1	实施过程	断路器异常及事故处理相关知识和技能的学习情况			
		断路器异常及事故处理操作任务的完成情况			
2	职业素质	安全作业情况			
		工作状态情况			
		团队协作情况			
3	任务成果	断路器异常及事故处理操作任务：动作熟练、过程正确			
		断路器异常及事故处理操作记录：记录完整、条理清晰			
		断路器异常及事故处理汇报单：填写正确			

注：评价结果分为 A（优秀）、B（良好）、C（中等）、D（合格）、E（加油）5 个等级。

【思考提高】

1．常见的断路器异常现象有哪些？在仿真系统中观察这些异常现象。

2．简述断路器异常及事故处理过程中的注意事项。

3．在仿真系统中设置不同类型的断路器故障，练习对应的断路器异常及事故处理操作。

任务 5.2　线路异常及事故处理

【任务描述】

本任务以 110kV 仿真变电站 10kV 定隆线线路侧 1063 隔离开关 A 相瓷瓶发生爆炸造成的 110kV 定隆线故障为例，使学生能正确掌握变电站线路异常及事故处理的步骤，在仿真系统中进行正确的操作，并完整填写线路异常及事故处理汇报单。

【相关知识】

一、线路故障的类型

线路故障的类型

线路故障按照持续时间不同，可以分为由雷击（见图 5-31）等原因导致的瞬时性故障和由电线杆倒杆（见图 5-32）、断线引起的永久性故障。

图 5-31　雷击

图 5-32　电线杆倒杆

　　线路故障主要由短路引起，短路故障按照故障性质不同，可以分为三相短路、两相短路、两相接地短路和单相接地短路。运行统计数据表明，发生三相短路的概率最低，占所有短路故障的 6%～7%，但它最危险。两相短路和两相接地短路对电力系统的扰动也很大，占所有短路故障的 23%～24%。单相接地短路发生的概率最高，约占所有短路故障的 70%。

二、线路故障处理

线路故障处理

1. 瞬时性故障

　　当线路发生瞬时性故障时，监控后台、保护装置发出线路保护动作、重合闸动作等信号，重合闸成功后，断路器仍在合位，对应线路的电流、有功功率、无功功率等参数显示正常。瞬时性故障的处理步骤如下。

　　① 检查监控后台上显示的跳闸情况、负荷变化。

　　② 检查站内线路保护装置的动作情况，确认一次设备是否发生故障。

　　③ 检查重合闸装置的动作情况。

　　④ 检查相应线路的断路器是否在合位及断路器的压力、操作机构是否正常。

　　⑤ 检查站内线路保护范围内的设备有无故障特征。

　　⑥ 确认动作原因并汇报给调控人员，做好记录。

2. 永久性故障

　　当线路发生永久性故障时，监控后台、保护装置发出线路保护动作、重合闸动作等信号，重合闸失败后，断路器在分位，对应线路的电流、有功功率、无功功率等参数显示为零。永久性故障的处理步骤如下。

　　① 检查监控后台上显示的跳闸情况、负荷变化。

　　② 检查站内线路保护装置的动作情况，确认线路故障性质（相别、距离）。

　　③ 检查重合闸装置的动作情况。

　　④ 检查相应线路的断路器是否在分位及断路器的压力、操作机构是否正常。

　　⑤ 检查站内线路保护范围内的设备有无故障特征。

⑥ 确认动作原因并汇报给调控人员，做好记录。

【任务实施】

**线路异常及事故
处理仿真演练**

以 110kV 仿真变电站 110kV 定隆线线路侧 1063 隔离开关 A 相瓷瓶发生爆炸造成的 110kV 定隆线故障为例，分析线路事故的处理过程，在仿真系统中进行正确的处理操作，并完整填写线路异常及事故处理汇报单。

事故报警：××年××月××日××时××分××秒，综自系统弹出"110kV 定隆线 106 断路器分闸"告警，如图 5-33 所示。

图 5-33 综自系统弹出"110kV 定隆线 106 断路器分闸"告警

对线路事故的处理包括检查汇报、紧急处理、分析原因、故障处理和记录报告 5 个步骤。

第一步：检查汇报，包括检查综自系统、检查保护装置、检查现场设备、向调度汇报 4 项内容。

（1）综自系统检查结果。

① 监控喇叭响。

② 弹出的告警窗口显示：110kV 定隆线保护跳闸、110kV 定隆线重合闸动作、110kV 定隆线 106 断路器分闸，如图 5-33 所示。

③ 监控系统显示：110kV 定隆线 106 断路器闪烁，处于分闸状态；其他断路器状态无变化；110kV 定隆线无负荷，如图 5-34 所示。

（2）保护装置检查结果。

110kV 定隆 106 线路保护装置显示：跳闸红灯亮，重合闸红灯亮，零序过电流 I 段保护动作，如图 5-35 所示。

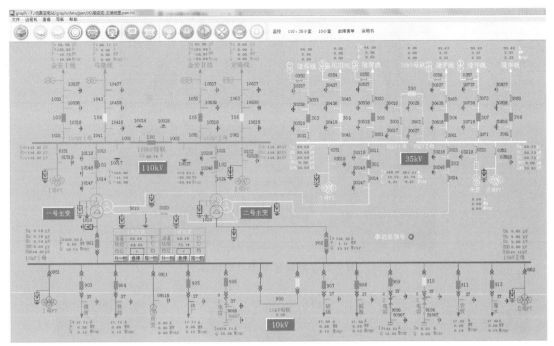

图 5-34　监控系统显示 1

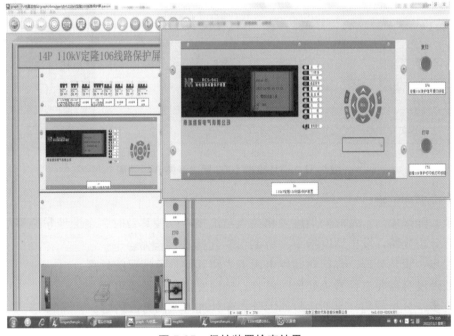

图 5-35　保护装置检查结果

（3）现场设备检查结果。

穿绝缘鞋（靴），戴绝缘手套和安全帽，到现场对 110kV 定隆线线路一次设备进行检查。

检查结果显示，110kV 定隆线 106 断路器确在分位，如图 5-36 所示；110kV 定隆线线路侧 1063 隔离开关 A 相瓷瓶发生爆炸，痕迹明显，如图 5-37 所示。

图 5-36　现场检查 106 断路器

图 5-37　现场检查 1063 隔离开关 A 相瓷瓶

（4）向调度汇报。

记录故障现象后，及时向调度及相关人员汇报，以使其及时、全面地掌握事故情况；调度进行分析判断，发出调度指令：将 110kV 定隆线转检修。

第二步：紧急处理，包括对站用电源消失和其他紧急情况的处理。

本故障没有需要进行紧急处理的内容，按调度指令执行即可。

第三步：分析原因，包括事故原因分析和处理方法两方面内容。

（1）事故原因分析。

经过现场检查，导致本事故产生的原因是 110kV 定隆线线路侧 1063 隔离开关 A 相瓷瓶发生爆炸，保护动作出口跳开 106 断路器。

（2）处理方法。

本事故的处理方法是将 110kV 定隆线转检修，将故障隔离。

第四步：故障处理，包括隔离故障和恢复送电两个过程。

（1）隔离故障。

① 拉开 110kV 定隆线线路侧 1063 隔离开关和母线侧 1061 隔离开关，拉开 1063 隔离开关和 1061 隔离开关后的监控系统显示和现场情况分别如图 5-38、图 5-39 所示。

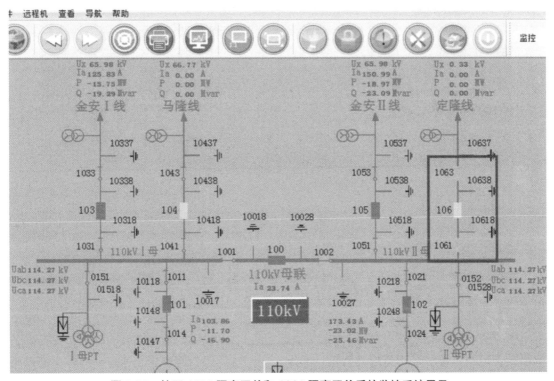

图 5-38　拉开 1063 隔离开关和 1061 隔离开关后的监控系统显示

图 5-39　拉开 1063 隔离开关和 1061 隔离开关后的现场情况

② 在推上接地刀闸之前，需先验明 110kV 定隆线线路侧无电压。采用验电器进行验

电时，若指示灯没有亮，则表明 110kV 定隆线线路侧无电压，如图 5-40 所示。

图 5-40　验明 110kV 定隆线线路侧无电压

③ 在验明 110kV 定隆线线路侧无电压后，推上 110kV 定隆线线路侧 10637 接地刀闸，线路转为检修状态，实现故障点的电气隔离。10637 接地刀闸被推上之后的监控系统显示和现场情况分别如图 5-41、图 5-42 所示。

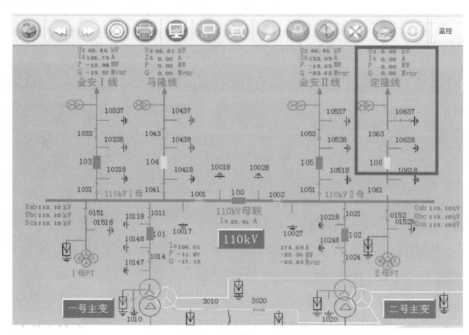

图 5-41　10637 接地刀闸被推上之后的监控系统显示

图 5-42 10637 接地刀闸被推上之后的现场情况

（2）恢复送电。

对本事故的处理是将故障点电气隔离，没有要恢复送电的线路。

第五步：记录报告。

事故处理完毕后，值班人员应向调度汇报：110kV 定隆线已转检修。

值班人员要完整填写线路异常及事故处理汇报单，根据断路器动作情况、保护及自动装置的动作情况、故障录波图及处理过程，整理详细的线路异常及事故处理操作记录。

【任务成果】

1．提交线路异常及事故处理汇报单。

2．提交线路异常及事故处理的操作记录。

【任务评价】

本任务的完成情况体现了学生对线路异常及事故处理相关知识和技能的掌握程度，请根据任务完成情况填写表 5-3。

表 5-3 线路异常及事故处理操作任务完成情况评价表

序号	考核项目或标准		评价结果		
			组员自评	小组互评	教师评价
1	实施过程	线路异常及事故处理相关知识和技能的学习情况			
		线路异常及事故处理操作任务的完成情况			

续表

序号	考核项目或标准		评价结果		
			组员自评	小组互评	教师评价
2	职业素质	安全作业情况			
		工作状态情况			
		团队协作情况			
3	任务成果	线路异常及事故处理操作任务：动作熟练、过程正确			
		线路异常及事故处理操作记录：记录完整、条理清晰			
		线路异常及事故处理汇报单：填写正确			

注：评价结果分为 A（优秀）、B（良好）、C（中等）、D（合格）、E（加油）5 个等级。

【思考提高】

1．常见的线路故障有哪些？在仿真系统中设置不同类型的线路故障并观察故障现象。
2．简述线路异常及事故处理过程中的注意事项。
3．在仿真系统中设置不同类型的线路故障，练习对应的线路异常及事故处理操作。

任务 5.3　母线异常及事故处理

【任务描述】

本任务以 110kV 仿真变电站 35kV 隆罗线 3061 隔离开关 B 相闪络造成的 35kV Ⅱ母发生故障为例，使学生正确掌握变电站母线异常及事故处理的步骤，并在仿真系统中进行正确的操作，完整填写母线异常及事故处理汇报单。

【相关知识】

母线异常及事故的现象

一、母线异常及事故的现象

常见的母线异常及事故现象有母线失压、母线接头发热、母线电晕放电、绝缘子破损、管型母线变形、软母线弧度过大等。

母线失压是指在电力系统中因故障而导致的母线电压为零。造成母线失压的原因有电源线故障跳闸、出线故障造成越级跳闸、母差或失灵保护动作跳闸。母线失压的判断依据有母线电压指示为零、母线的各出线及变压器负荷均消失、该母线所供的站用电消失等。

母线接头发热可以通过金属是否变色来判断，也可以利用测温仪、红外成像仪等设备来判断。造成母线接头发热的主要原因是接触不良，如接触面积小、接触压力不足等。

母线电晕放电与导引线和绝缘子污损、母线表面有毛刺、环境气候、天气情况等因素有关。母线电晕放电一般不影响母线运行，但严重时应汇报给调度及有关部门，以便安排处理，同时加强巡视和测温。

管型母线变形多由施工或安装原因（如地基下沉）造成。另外，过大的短路电流也会引起管型母线变形或连接松动。

随着气温和负荷的变化，软母线的弧度会有一定变化。当线路、软母线弧度过大时，会造成对地距离缩短，而且在大风等异常天气中易造成引线摆动过大，甚至造成相间短路。

二、母线异常及故障处理

母线异常及事故处理

1. 母线失压处理

（1）对于母线失压，要在确认变电站母线失压后，将失压母线上的断路器全部断开，然后汇报给调度。

（2）要分析母线失压原因，进行现场检查，并将检查结果汇报给调度。

（3）在查明原因后，根据调度指令隔离故障，对母线进行试送电。

（4）当母线失压造成站用电消失时，应先倒换站用电并立即汇报给调度，再将故障或失压母线上未跳开的断路器全部断开。

2. 母线接头发热处理

母线接头的温度一般不应超过95℃，母线接头发热主要通过调整负荷或停电进行处理。

3. 管型母线异常处理

管型母线一般配有剪刀式隔离开关。当管型母线下沉时，隔离开关支撑管型母线下沉的重量，容易发生隔离开关拉不开或接触不良（合上后触头位置偏差）的情况，甚至造成隔离开关支柱绝缘子断裂。此时应加强监督巡视，一旦发现问题，应立即上报并申请处理。

4. 母线有明显故障点的处理原则

当母线上的设备有明显故障点时，应隔离故障点，确认母线无异常后，方可对其恢复送电；当找不到故障点时，在条件允许的情况下应对母线进行零起升压测试，或用对侧断路器试送电。

在恢复母线送电时，不允许未经检查强行送电。

当故障点在母线上，不能被隔离或双母线接线方式中只有一条母线停电时，应迅速检查故障母线上所有回路的电气设备，确认无故障后，先用冷倒的方式将设备倒换至另一条运行母线，恢复线路运行，再将故障母线转检修。

当双母线接线方式中两条母线同时停电时，若母联断路器无异常且未断开，则应立即将其断开，经检查并排除母线故障后，分别对两条母线送电。操作时应尽快恢复一条母线运行，若另一条母线不能恢复，则将所有负荷倒换至运行母线。

【任务实施】

母线异常及事故
处理仿真演练

以 110kV 仿真变电站 35kV 隆罗线 3061 隔离开关 B 相闪络造成的 35kV Ⅱ母发生故障为例，分析母线事故的处理过程，在仿真系统中进行正确的处理操作，并完整填写异常及事故处理汇报单。

事故报警：××年××月××日××时××分××秒，综自系统弹出"35kV Ⅱ母接地"

告警，如图 5-43 所示。

图 5-43　综自系统弹出"35kV Ⅱ 母接地"告警

母线事故处理包括检查汇报、紧急处理、分析原因、故障处理和记录报告 5 个步骤。

第一步：检查汇报，包括检查综自系统、检查保护装置、检查现场设备、向调度汇报 4 项内容。

（1）综自系统检查结果。

① 监控喇叭响。

② 弹出的告警窗口显示：35kV 隆罗线装置报警，35kV 隆乔线装置报警，35kV 隆南线装置报警，35kV Ⅱ 母接地。

监控系统显示：各设备运行状态正常，各线路负荷无变化，如图 5-44 所示。

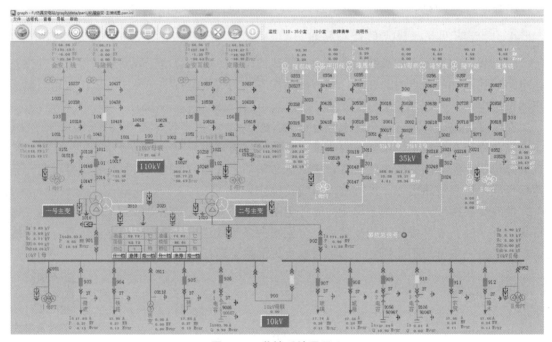

图 5-44　监控系统显示 2

（2）保护装置检查结果。

隆罗线 306 断路器保护装置显示：合位红灯亮，报警灯亮，负荷正常，如图 5-45 所示。

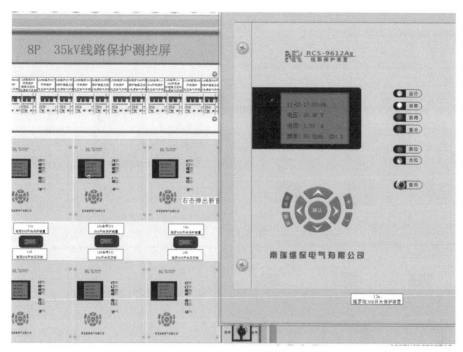

图 5-45　隆罗线 306 断路器保护装置显示

隆乔线 307 断路器保护装置显示：合位红灯亮，报警灯亮，负荷正常，如图 5-46 所示。

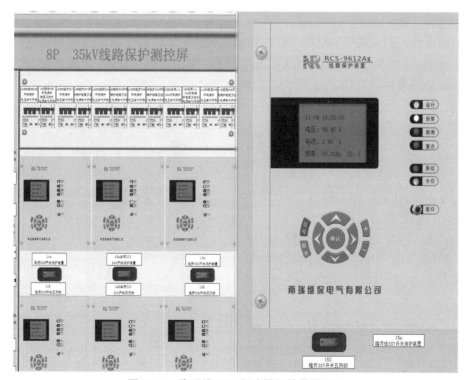

图 5-46　隆乔线 307 断路器保护装置显示

隆南线 308 断路器保护装置显示：合位红灯亮，报警灯亮，负荷正常，如图 5-47 所示。

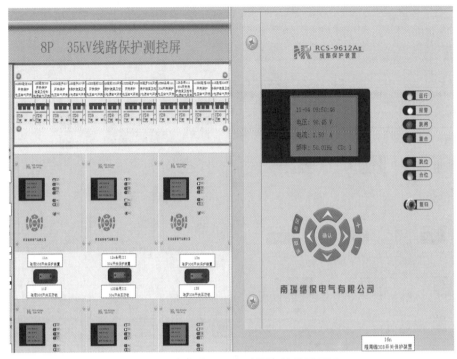

图 5-47　隆南线 308 断路器保护装置显示

（3）现场设备检查结果。

穿绝缘鞋（靴），戴绝缘手套和安全帽，到现场对 35kVⅡ母及周边一次设备进行检查。

经检查发现，#2 主变 35kV 侧 302 断路器确在合位，如图 5-48 所示；35kV 隆罗线 306 断路器确在合位，如图 5-49 所示；35kV 隆乔线 307 断路器确在合位，如图 5-50 所示；35kV 隆南线 308 断路器确在合位，如图 5-51 所示。

图 5-48　现场检查 302 断路器

图 5-49　现场检查 306 断路器

图 5-50 现场检查 307 断路器　　　　　　　　图 5-51 现场检查 308 断路器

　　通过仔细检查，发现 35kV 隆罗线 3061 隔离开关 B 相闪络，痕迹明显，如图 5-52 所示。

图 5-52 现场检查 3061 隔离开关

（4）向调度汇报。

记录故障现象后，及时向调度及相关人员汇报，以使其及时、全面地掌握事故情况；调度进行分析判断，发出操作指令：35kVⅡ母由运行转检修。

第二步： 紧急处理，包括对站用电源消失和其他紧急情况的处理。

本事故没有需要进行紧急处理的内容，按调度指令执行即可。

第三步： 分析原因，包括事故原因分析和处理方法两方面内容。

（1）事故原因分析。

本事故是由 35kV 隆罗线 3061 隔离开关 B 相闪络，导致 35kVⅡ母接地报警造成的，对于中性点经消弧线圈接地的 35kV 系统，未造成跳闸。

（2）处理方法。

由于 35kV 隆罗线 3061 隔离开关 B 相闪络痕迹明显，需要停电检修，因此本事故的处理方法是将 35kVⅡ母由运行转检修，把故障隔离。

第四步： 故障处理，包括隔离故障和恢复送电两个过程。

（1）隔离故障。

① 断开#2 主变 35kV 侧 302 断路器、35kV 隆罗线 306 断路器、35kV 隆乔线 307 断路器和 35kV 隆南线 308 断路器，断开 4 个断路器后的监控系统显示如图 5-53 所示。现场检查 4 个断路器，它们均在分位，如图 5-54～图 5-57 所示。

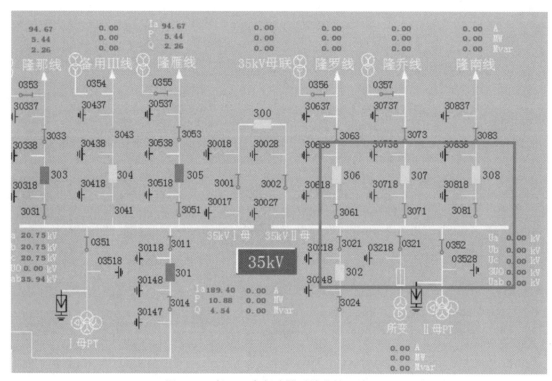

图 5-53　断开 4 个断路器后的监控系统显示

图 5-54　现场检查 302 断路器

图 5-55　现场检查 306 断路器

图 5-56　现场检查 307 断路器

图 5-57　现场检查 308 断路器

② 将#2 主变 35kV 侧 302 断路器、35kV 隆罗线 306 断路器、35kV 隆乔线 307 断路器和 35kV 隆南线 308 断路器转冷备用。将 4 个断路器转冷备用后的监控系统显示和现场情况分别如图 5-58、图 5-59 所示。

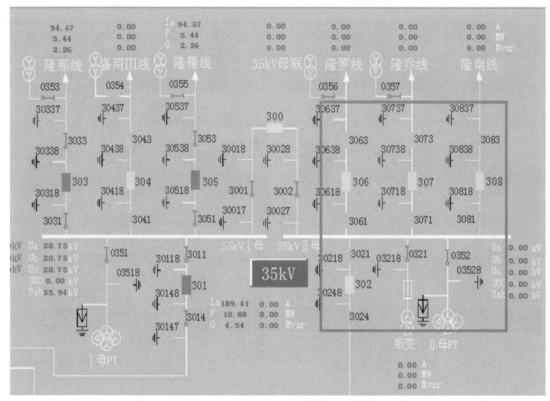

图 5-58　将 4 个断路器转冷备用后的监控系统显示

图 5-59　将 4 个断路器转冷备用后的现场情况

③ 拉开Ⅱ母电压互感器[①]0352 隔离开关和所变 0321 隔离开关。拉开 0352 隔离开关和

---

① 110kV 仿真变电站中的Ⅰ母 PT、Ⅱ母 PT 分别指Ⅰ母电压互感器、Ⅱ母电压互感器，为了描述清晰，正文中均采用"Ⅰ母电压互感器""Ⅱ母电压互感器"的说法。

0321 隔离开关后的监控系统显示和现场情况分别如图 5-60、图 5-61 所示。

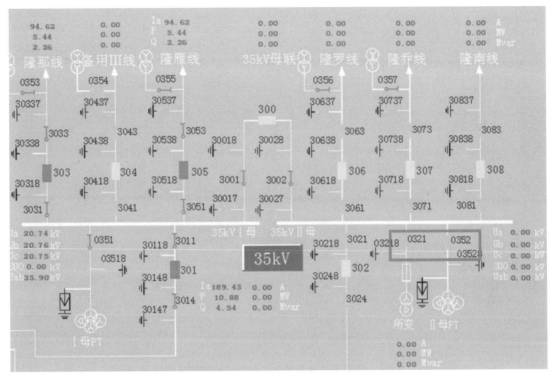

图 5-60 拉开 0352 隔离开关和 0321 隔离开关后的监控系统显示

图 5-61 拉开 0352 隔离开关和 0321 隔离开关后的现场情况

④ 将母联 300 断路器转冷备用。母联 300 断路器转冷备用后的监控系统显示和现场情况分别如图 5-62、图 5-63 所示。

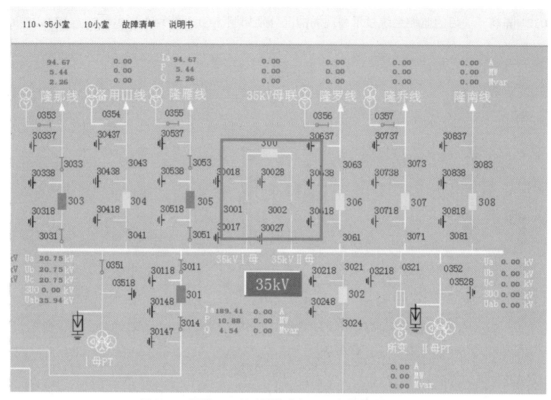

图 5-62　母联 300 断路器转冷备用后的监控系统显示

图 5-63　母联 300 断路器转冷备用后的现场情况

⑤ 在 3002 隔离开关靠近 35kV Ⅱ 母处验电。若验电器不亮，则表明 35kV Ⅱ 母无电压，如图 5-64 所示。

⑥ 在验明三相 35kV Ⅱ 母无电压后，推上 30027 接地刀闸，35kV Ⅱ 母转检修。30027 接地刀闸被推上之后的监控系统显示和现场情况分别如图 5-65、图 5-66 所示。

图 5-64　验电

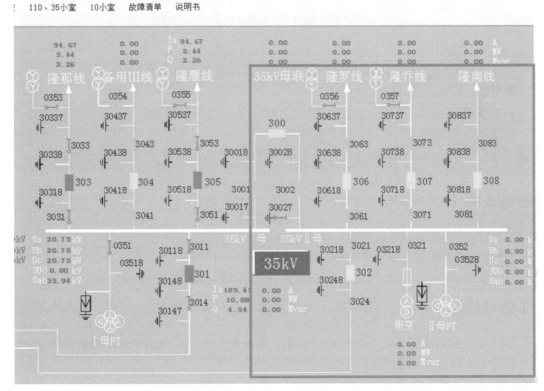

图 5-65　30027 接地刀闸被推上之后的监控系统显示

图 5-66　30027 接地刀闸被推上之后的现场情况

（2）恢复送电。

对本事故的处理是将故障点电气隔离，没有要恢复送电的线路。

第五步：记录报告。

事故处理完毕后，值班人员应向调度汇报：35kV Ⅱ母已转检修。

值班人员要完整填写母线异常及事故处理汇报单，根据断路器动作情况、保护及自动装置的动作情况、故障录波图及处理过程，整理详细的母线异常及事故处理操作记录。

【任务成果】

1．提交母线异常及事故处理汇报单。

2．提交母线异常及事故处理的操作记录。

【任务评价】

本任务的完成情况体现了学生对母线异常及事故处理相关知识和技能的掌握程度，请根据任务完成情况填写表 5-4。

表 5-4　母线异常及事故处理操作任务完成情况评价表

序号	考核项目或标准		评价结果		
			组员自评	小组互评	教师评价
1	实施过程	母线异常及事故处理相关知识和技能的学习情况			
		母线异常及事故处理操作任务的完成情况			
2	职业素质	安全作业情况			
		工作状态情况			
		团队协作情况			
3	任务成果	母线异常及事故处理操作任务：动作熟练、过程正确			
		母线异常及事故处理操作记录：记录完整、条理清晰			
		母线异常及事故处理汇报单：填写正确			

注：评价结果分为 A（优秀）、B（良好）、C（中等）、D（合格）、E（加油）5 个等级。

【思考提高】

1．常见的母线故障有哪些？在仿真系统中设置不同类型的母线故障，并观察这些故障现象。

2．简述母线异常及事故处理过程中的注意事项。

3．在仿真系统中设置不同类型的母线故障，练习对应的母线异常及事故处理操作。

任务 5.4　变压器异常及事故处理

【任务描述】

本任务以 110kV 仿真变电站#1 主变内部故障，引起瓦斯继电器重瓦斯动作，导致三侧断路器跳闸这一故障为例，使学生正确掌握变压器异常及事故处理的步骤，并能在仿真系统中进行正确的操作，完整填写变压器异常及事故处理汇报单。

【相关知识】

变压器异常及事故的现象

一、变压器异常及事故的现象

常见的变压器异常及事故现象如下。

（1）运行声音异常或有爆裂声。

（2）上层油温、绕组温度升高。

（3）套管出现裂纹（见图 5-67）、闪络、渗油等。

（4）变压器油位异常。

（5）呼吸器受潮，如图 5-68 所示。

（6）冷却器故障。

（7）变压器本体漏油，如图 5-69 所示。

（8）变压器绕组相间、匝间短路。

（9）变压器绕组接地。

（10）变压器铁芯故障。

（11）套管相间短路、接地短路。

（12）变压器爆炸，如图 5-70 所示。

图 5-67　套管出现裂纹

图 5-68　呼吸器受潮

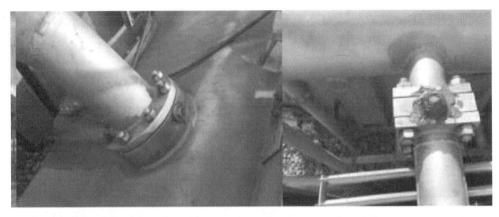

图 5-69　变压器本体漏油

图 5-70　变压器爆炸

二、变压器异常及事故处理

变压器异常及
事故处理

（一）异常处理

1. 变压器运行声音异常

变压器正常运行时发出的声音应是连续、均匀的"嗡嗡"声。由于负荷或电压的变动，音量可能略有高低起伏，不应有不连续、爆裂性的噪声。变压器运行声音异常由机械振动和局部放电引起。内部机械振动一般由内部部件松动引起，不影响运行时应加强巡视，观察噪声有无发展，按缺陷汇报给部门领导；外部机械振动引起的噪声较明显，若用手或工具接触噪声发出点，则噪声会减弱或消失，但处理时应注意安全距离，必要时应使用符合电压等级且合格的绝缘棒，不能处理的情况应按缺陷报检修部门处理，防止发生部件损坏。

放电声分为内部放电声和外部放电声，内部放电对变压器的影响较严重，声响明显增大，内部发出爆裂声，表明变压器内部有严重故障，应立即停电处理；外部放电主要包括电晕放电和套管放电，一般由套管脏污或破损引起，套管放电要观察电弧长度，若多个瓷套裙边之间放电，则应尽快处理，情况严重时应立即停电处理。由变压器套管破损引起的放电应立即停电处理。

2. 变压器温度超限或不正常升高

过热对变压器是极其有害的，变压器的绝缘损坏大多由过热引起。当在巡视中发现变压器温度异常（见图 5-71）时，应先分析引起温度异常的原因。若温度升高是由超额定负载、过励磁或冷却系统故障引起的，则按相应的事故处理原则进行处理；若温度升高是由温度计、变送器等故障引起的，则汇报给主管部门安排处理；若温度升高的原因不明，则必须立即汇报给调度和相关领导，由专业人员进行检查和处理。

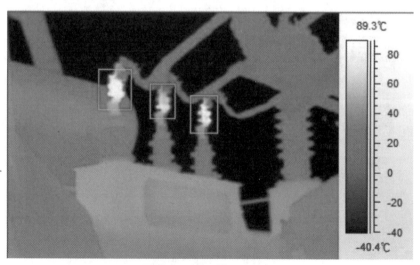

图 5-71　变压器温度异常

3. 变压器油位不正常

变压器油位过低、过高或看不到油位都应被视为油位不正常。变压器严重漏油（见

图 5-72）会使油位降低，当油位降低到一定程度时，会引发轻瓦斯保护动作告警；当变压器严重缺油时，会使油箱内绝缘暴露、受潮，降低其绝缘性能，影响散热，甚至引起绝缘故障。当变压器油位比对应气温下应有的油位低或高时，应查明原因并及时加油或放油，严重的漏油或长期的微漏现象都会使变压器的油位降低。当因大量漏油使油位迅速下降时，禁止将重瓦斯保护改投信号位置，应立即采取制止漏油的措施，并通知检修人员立即加油。当油位下降过多，危及变压器运行时，应向调度申请将变压器停运。

图 5-72 变压器严重漏油

当遇到以下情况时，也应立即将变压器停运，若有备用变压器，应尽可能将备用变压器投运。

① 油色变化过大，油内出现大量杂质等。

② 压力释放装置动作（同时伴有其他保护装置动作）。

③ 冷却系统出现故障，断水、断电、断油的时间超过了变压器的允许时间。

④ 套管放电（见图 5-73）。

⑤ 变压器着火、喷油，套管冒烟（见图 5-74）。

⑥ 变压器已出现故障，而保护装置拒动或动作不明确。

⑦ 变压器绕组或外部断线，非全相运行。

⑧ 变压器三侧的避雷器动作，经取油样分析发现，油已劣化。

（二）变压器事故处理的基本原则

（1）变压器的主保护（包括重瓦斯、差动保护）装置动作跳闸，未经查明原因和消除故障之前，不得强行送电。

（2）当一台变压器跳闸后，应密切关注另一台主变的负荷情况，以防主变过负荷。

（3）主变的两套差动保护装置都投运时，若只有一套差动保护装置动作，则应检查此套差动保护装置是否为误动作。若确实是误动作，应停用误动作的差动作保护装置并汇报给调度，根据调度指令恢复变压器运行。

图 5-73　套管放电

图 5-74　套管冒烟

（4）当变压器重瓦斯动作时，若经检查是由变压器重瓦斯保护或二次回路故障引起的变压器断路器跳闸，应根据调度指令，则停用变压器重瓦斯保护装置，恢复变压器运行。

（5）当变压器的瓦斯保护或差动保护中任一保护装置动作时，先检查变压器外部有无明显故障，再抽取变压器内气体进行检测。若经检测证明变压器内部无明显故障，则在系统急需时可以对变压器进行一次试送电。

（6）当变压器后备保护装置误动作造成变压器跳闸时，应先汇报给调度并根据其命令停用变压器后备保护装置，再恢复变压器运行。

（7）当保护装置越级动作（如线路或母线等外部故障）造成变压器跳闸时，故障被隔离后，可立即恢复变压器运行。

（8）变压器跳闸后，应先检查站用电的供电情况，必要时调整站用电运行方式，以确保站用电的可靠运行。

（9）在未查明造成变压器主保护装置动作的故障原因前，不要急着复归保护屏信号，同时一定要做好相关记录，以便专业人员进一步分析和检查。

【任务实施】

变压器异常及事故
处理仿真演练

以 110kV 仿真变电站#1 主变内部故障，引起瓦斯继电器重瓦斯动作，导致三侧断路器跳闸这一故障为例，分析变压器异常及事故处理的过程，在仿真系统中进行正确的处理操作，并完整填写变压器异常及事故处理汇报单。

事故报警：××年××月××日××时××分××秒，综自系统接到告警：#1 主变非电量本体重瓦斯信号；#1 主变 110kV 侧 101 断路器分闸；#1 主变 35kV 侧 301 断路器分闸；#1 主变低压侧 901 断路器分闸，如图 5-75 所示。

图 5-75　综自系统弹出的告警窗口

变压器异常及事故处理包括检查汇报、紧急处理、分析原因、故障处理和记录报告 5 个步骤。

第一步：检查汇报，包括检查综自系统、检查保护装置、检查现场设备、向调度汇报 4 项内容。

（1）综自系统检查结果。

① 监控喇叭响。

② 弹出的告警窗口显示：#1 主变非电量本体重瓦斯信号，#1 主变 110kV 侧 101 断路

器分闸，#1 主变 35kV 侧 301 断路器分闸，#1 主变低压侧 901 断路器分闸，35kV 备自投保护装置动作，35kV 母联 300 断路器合闸，900 装置备自投动作，10kV 母联 900 断路器合闸。

监控系统显示：#1 主变三侧断路器 101、301、901 处于分闸状态，#1 主变三侧负荷消失，如图 5-76 所示。

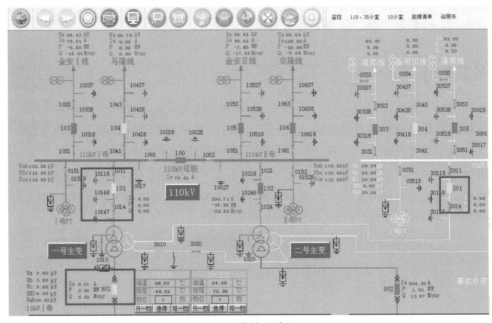

图 5-76　监控系统显示

（2）保护装置检查结果。

#1 主变非电量保护装置显示：本体重瓦斯动作，本体重瓦斯动作红灯亮，#1 主变 101 断路器跳位红灯亮，#1 主变 301 断路器跳位红灯亮；#1 主变 901 断路器跳位红灯亮，如图 5-77 所示。

图 5-77　#1 主变非电量保护装置显示

（3）现场设备检查结果。

穿绝缘鞋（靴），戴绝缘手套和安全帽，到现场对#1主变及周边一次设备进行检查。

检查结果：#1主变110kV侧101断路器在分位，如图5-78所示；#1主变35kV侧301断路器在分位，如图5-79所示；#1主变10kV侧901断路器分位指示灯亮，如图5-80所示；#1主变瓦斯继电器显示重瓦斯动作，如图5-81所示。

图 5-78　现场检查 101 断路器

图 5-79　现场检查 301 断路器

图 5-80　现场检查 901 断路器

图 5-81　现场检查瓦斯继电器

（4）向调度汇报。

记录故障现象后，及时向调度及相关人员汇报，以使其及时、全面地掌握事故情况；调度进行分析判断，发出调度指令：将#1 主变转检修。

第二步：紧急处理，包括对站用电源消失和其他紧急情况的处理。

本事故需要进行紧急处理的内容是切换 110kV 系统中性点的接地刀闸至#2 主变。110kV 系统中性点接地的正常运行方式是在#1 主变上经过 1010 接地刀闸实现的，如图 5-82 所示。将#1 主变跳闸退出运行时，需要将 110kV 系统中性点接地切换至由#2 主变上的 1020 接地刀闸实现，如图 5-83 所示。

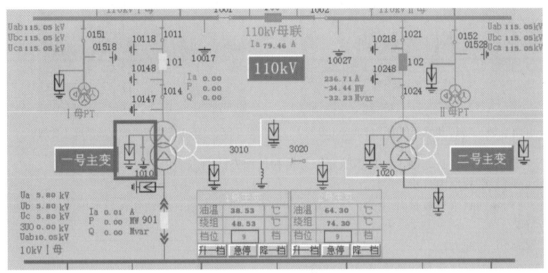

图 5-82　正常运行方式下的 110kV 系统中性点接地

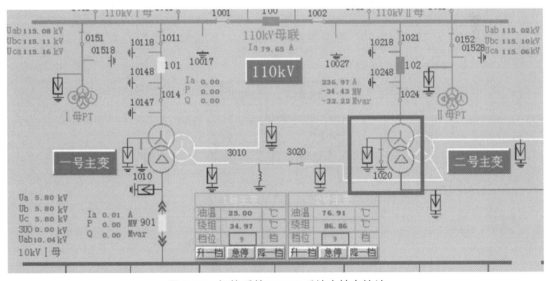

图 5-83　切换后的 110kV 系统中性点接地

紧急处理完成后，1010 接地刀闸的现场情况（分闸）和 1020 接地刀闸的现场情况（合闸）分别如图 5-84、图 5-85 所示。

图 5-84　1010 接地刀闸的现场情况（分闸）　　图 5-85　1020 接地刀闸的现场情况（合闸）

第三步：分析原因，包括事故原因分析和处理方法两方面内容。

（1）事故原因分析。

初步判断本事故是#1 主变内部故障，引起瓦斯继电器重瓦斯动作，导致的三侧断路器跳闸。

（2）处理方法。

本事故的处理方法是将#1 主变转检修。

第四步：故障处理，包括隔离故障和恢复送电两个过程。

（1）隔离故障。

① 将#1 主变 10kV 侧 901 断路器摇至试验位。试验位指示灯亮表示操作完成，如图 5-86 所示。

图 5-86　将 901 断路器摇至试验位

② 拉开#1 主变 35kV 侧 301 断路器两侧的 3014、3011 隔离开关，将 301 断路器转冷备用，301 断路器转冷备用后的监控系统显示和现场情况如图 5-87、图 5-88 所示。

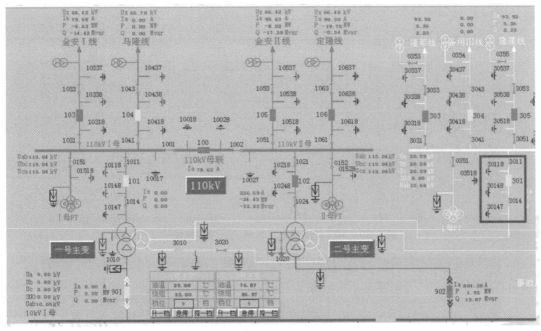

图 5-87　301 断路器转冷备用后的监控系统显示

图 5-88　301 断路器转冷备用后的现场情况

③ 拉开#1 主变 110kV 侧 101 断路器两侧的 1014、1011 隔离开关，将 101 断路器转冷备用。101 断路器转冷备用后的监控系统显示和现场情况分别如图 5-89、图 5-90 所示。

④ 验明 3014 隔离开关变压器侧无电压。若验电器不亮，则表明 3014 隔离开关变压器侧无电压，如图 5-91 所示。

⑤ 在验明 3014 隔离开关变压器侧无电压后，推上 30147 接地刀闸，#1 主变 35kV 侧转检修。

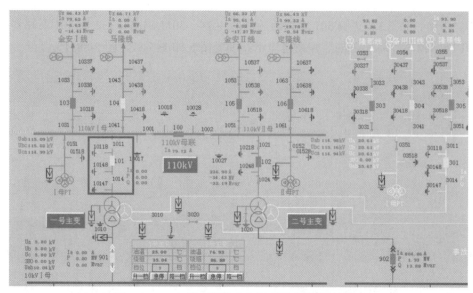

图 5-89　101 断路器转冷备用后的监控系统显示

图 5-90　101 断路器转冷备用后的现场情况

图 5-91　验明 3014 隔离开关变压器侧无电压

推上 30147 接地刀闸之后的监控系统显示和现场情况分别如图 5-92、图 5-93 所示。

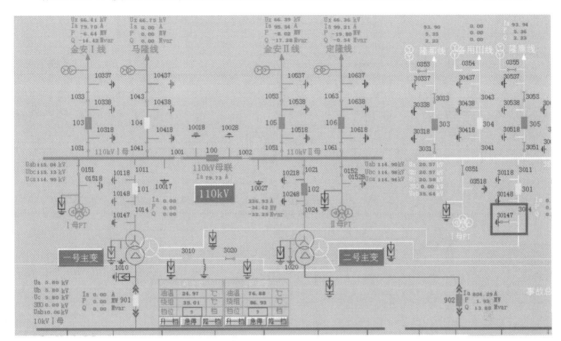

图 5-92 推上 30147 接地刀闸之后的监控系统显示

图 5-93 推上 30147 接地刀闸之后的现场情况

⑥ 验明 1014 隔离开关变压器侧无电压。若验电器不亮，则表明 1014 隔离开关变压器侧无电压，如图 5-94 所示。

图 5-94　验明 1014 隔离开关变压器侧无电压

⑦ 在验明 1014 隔离开关变压器侧无电压后，推上 10147 接地刀闸，#1 主变 110kV 侧转检修。

推上 10147 接地刀闸之后的监控系统显示和现场情况分别如图 5-95、图 5-96 所示。

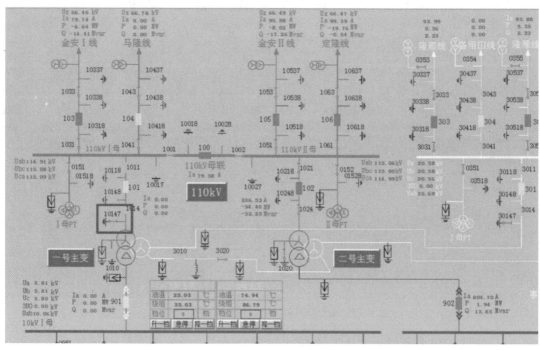

图 5-95　推上 10147 接地刀闸之后的监控系统显示

（2）恢复送电。

对本事故的处理是将故障点电气隔离，没有要恢复送电的线路。

图 5-96 推上 10147 接地刀闸之后的现场情况

第五步：记录报告。

事故处理完毕后，值班人员应向调度汇报：35kV Ⅱ 母已转检修。

值班人员要完整填写变压器异常及事故处理汇报单，根据断路器动作情况、保护及自动装置的动作情况、故障录波图及处理过程，整理详细的变压器异常及事故处理操作记录。

【任务成果】

1．提交变压器异常及事故处理汇报单。

2．提交变压器异常及事故处理的操作记录。

【任务评价】

本任务的完成情况体现了学生对变压器异常及事故处理相关知识和技能的掌握程度，请根据任务完成情况填写表 5-5。

表 5-5 变压器异常及事故处理操作任务完成情况评价表

序号	考核项目或标准		评价结果		
			组员自评	小组互评	教师评价
1	实施过程	变压器异常及事故处理相关知识和技能的学习情况			
		变压器异常及事故处理操作任务的完成情况			

续表

序号	考核项目或标准		评价结果		
			组员自评	小组互评	教师评价
2	职业素质	安全作业情况			
		工作状态情况			
		团队协作情况			
3	任务成果	变压器异常及事故处理操作任务：动作熟练、过程正确			
		变压器异常及事故处理操作记录：记录完整、条理清晰			
		变压器异常及事故处理汇报单：填写正确			

注：评价结果分为A（优秀）、B（良好）、C（中等）、D（合格）、E（加油）5个等级。

【思考提高】

1. 常见的变压器故障有哪些？在仿真系统中设置不同类型的变压器故障，并观察这些故障现象。

2. 简述变压器异常及事故处理过程中的注意事项。

3. 在仿真系统中设置不同类型的变压器故障，练习对应的变压器异常及事故处理操作。

附录 A 110kV 仿真变电站的操作说明

一、仿真变电站启动运行

1. 教员台（Local 主接线界面）

启动计算机，单击"D：\仿真变电站\sots"文件夹中的 Local.exe 图标或桌面上的"仿真系统"快捷图标，系统开始运行。系统启动后，将显示图 A-1 所示的 Local 主接线界面。

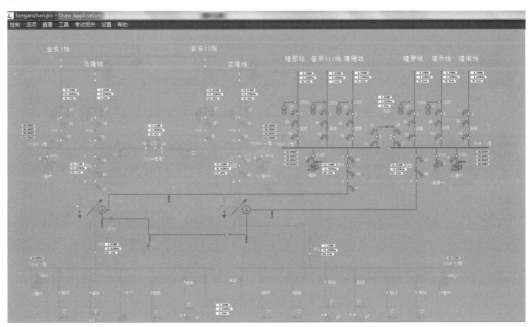

图 A-1 Local 主接线界面

2. 学员台（Graph 监控界面）

系统启动的同时，会自动运行学员台。系统启动后，会显示图 A-2 所示的 Graph 监控界面。

3. 学员台（仿真变电站界面）

系统启动的同时，会自动运行仿真变电站界面（110kV 仿真变电站的三维模型），如图 A-3 所示。

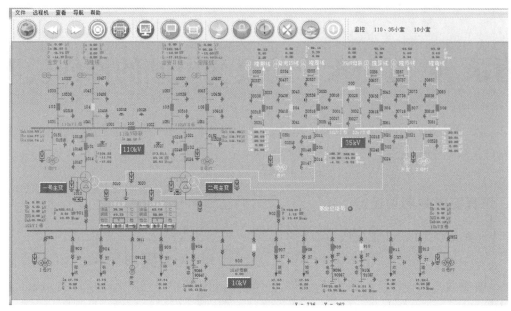

图 A-2　Graph 监控界面

图 A-3　仿真变电站界面

4. 关闭

单击 Local 主接线界面、Graph 监控界面、仿真变电站界面的"关闭"按钮即可退出系统。

二、Local 主接线界面的常用功能按钮说明

Local 主接线界面共有 8 个功能按钮，分别是"控制""选项""查看""故障""工具""教案相关""考试相关""帮助"，如图 A-4 所示。单击每个功能按钮，会弹出对应的菜单。Ctrl+鼠标滚珠可对图片进行放大或缩小，右击可以拖动画布。

图 A-4　Local 主接线界面的功能按钮

（1）"控制"菜单。

"控制"菜单中包括"运行""冻结""单步""复归""快照""导回"按钮，如图 A-5 所示。

① "运行"按钮。

单击"运行"按钮后，仿真系统会处在连续运行状态。仿真系统启动后，初始状态即为连续运行状态。

② "冻结"按钮。

单击"冻结"按钮后，仿真系统的运行停在某一个断面内，这时仿真系统停止计算，所有的设备状态及计算出的数值均是单击"冻结"按钮之前的状态，若想继续运行可单击"运行"按钮。

图 A-5　"控制"菜单

③ "单步"按钮。

单击"单步"按钮后，会看到"冻结"按钮变成隐含的，仿真系统停止计算，所有的设备状态及计算出的数值均是单击"单步"按钮之前的状态，这时每单击一次"单步"按钮，仿真系统进行一个周期的计算。一个周期结束后，仿真系统又进入停止状态，等待下一次"单步"命令。此时单击"运行"按钮，即可恢复到连续运行状态。单步功能主要用来观察故障现象，在设置故障前先单击"单步"按钮，设置故障，再一直单击"单步"按钮，这个时候会看到断路器分合闸及重合闸的分步现象。

④ "复归"按钮。

单击"复归"按钮，仿真系统返回初始化状态。设置完故障后，若想要使仿真系统恢复到初始化状态，即可单击"复归"按钮，然后可重新设置其他故障。

⑤ "快照"按钮。

单击"快照"按钮，仿真系统中止运行，弹出"快照"对话框，如图 A-6 所示，输入快照名，单击"OK"按钮，即可把当前的运行状态保存起来。

⑥ "导回"按钮。

单击"导回"按钮，弹出"导回"对话框，如图 A-7 所示，选择想返回的断面编号后，单击"OK"按钮，教员台就返回所选择断面的状态开始运行。

图 A-6　"快照"对话框

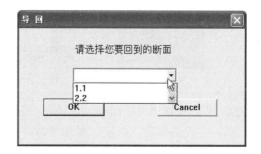

图 A-7　"导回"对话框

（2）"选项"菜单。

"选项"菜单中包括"投入防误操作措施""解除同期合闸""系统设置"按钮，如图 A-8 所示，操作中经常使用"投入防误操作措施"按钮。

防误操作措施共有两种状态，分别是投入和未投。单击"投入防误操作措施"按钮，其前面出现一个"√"，表示防误操作措施处于"投入"状态；再单击一下"投入防误操作措施"按钮，"√"消失，表示防误操作措施处于"未投"状态。

仿真系统正常运行时，防误操作措施处于"投入"状态，若操作有误，会弹出"Draw"对话框，如图 A-9 所示。若取消"√"，防误操作措施处于"未投"状态，相当于没有五防逻辑，此时进行误操作，三维场景中的隔离开关上会有电弧产生。

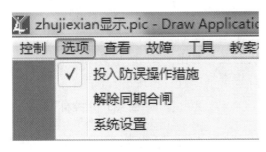

图 A-8　"选项"菜单　　　　　　　　　　图 A-9　"Draw"对话框

（3）"查看"菜单。

"查看"菜单中包括"设备故障""操作记录""误操作记录""事件记录""开始记录日志""结束记录日志""运行日志"等按钮，如图 A-10 所示。

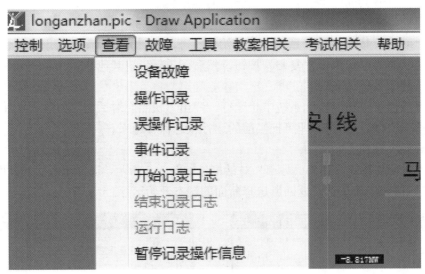

图 A-10　"查看"菜单

① "设备故障"按钮。

单击"设备故障"按钮，弹出"故障记录"对话框，如图 A-11 所示。在该对话框中，可查看在教员台设置的所有故障。"故障记录"对话框中有 4 个按钮，分别为"查找""跳至__行""刷新""退出"。

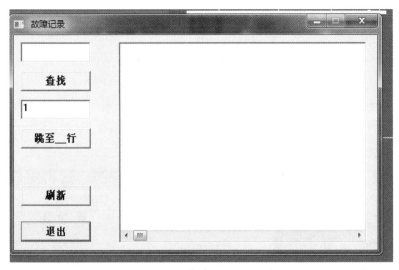

图 A-11　"故障记录"对话框

a. "查找"按钮。

若设置的故障比较多或对设置过的故障记忆不清，则在对某些设置过的故障做一些特殊处理（如删除）时，人工查找的方法比较麻烦，此时可以通过"查找"按钮来提高效率。在"查找"按钮上方的输入框中输入所查找设备的名称，单击"查找"按钮即可找出对应设备的故障。

b. "跳至__行"按钮。

在"跳至__行"按钮上方的输入框中输入想要跳转的行数，然后单击"跳至__行"按钮，即可跳至该行。

c. "刷新"按钮。

"刷新"按钮的作用是刷新"故障记录"对话框右侧窗口中的内容。"故障记录"对话框被打开后，设置的故障不会自动显示在右侧窗口中，这时需要单击"刷新"按钮，最新的故障才能显示出来。

d. "退出"按钮。

单击"退出"按钮将关闭"故障记录"对话框。

② "操作记录"按钮。

单击"操作记录"按钮，即可打开"操作记录"对话框。"操作记录"对话框的窗口布局与"故障记录"对话框一样，按钮的作用也相同，区别在于它记录的是设备正常时的操作记录。

③ "误操作记录"按钮。

单击"误操作记录"按钮，即可打开"误操作记录"对话框。其窗口布局与"故障记录"对话框一样，按钮的作用也相同，区别在于它的记录是设备误操作时的记录。

④ "事件记录"按钮。

单击"事件记录"按钮，即可打开"事件记录"对话框。其窗口布局与"故障记录"对话框一样，按钮的作用也相同，区别在于它的记录是系统事件的记录。

⑤ "开始记录日志"按钮。

单击"开始记录日志"按钮，开始记录运行情况，以便在结束时对系统的运行情况和信息进行分析，以及对学生的实际操作进行评估。

（4）"故障"菜单。

"故障"菜单中包括"删除所有故障""设置其他故障""设置液位""设置定值""设置虚拟报文""设置直流系统故障""删除直流系统故障"等按钮，如图 A-12 所示。其中最常用的按钮是"删除所有故障"按钮，如果在教员台上同时设置了多个故障，单击"删除所有故障"按钮可以一次性删除所有故障。

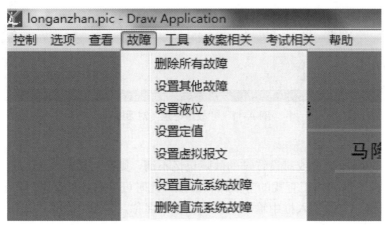

图 A-12　"故障"菜单

三、Graph 监控界面的主要功能说明

1. Graph 监控界面的功能按钮

Graph 监控界面包括"文件""远程机""查看""导航""帮助"5 个功能按钮。

（1）"文件"菜单。

"文件"菜单中包括"新建""打开…""保存""另存为…""退出系统"按钮，如图 A-13 所示。

图 A-13　"文件"菜单

（2）"远程机"菜单。

"远程机"菜单中包括"断开""连接"按钮，分别实现断开与服务器的连接和建立与服务器的连接，如图 A-14 所示。注意：这里的连接功能是指与原选定的服务器的连接功能。

图 A-14　"远程机"菜单

（3）"查看"菜单。

"查看"菜单中包括"原始大小""最合适大小"按钮，如图 A-15 所示。它们用于实现图形的放大、缩小等图形显示功能。该功能在功能按钮行中也有相对应的图标。

图 A-15　"查看"菜单

（4）"导航"菜单。

"导航"菜单中包括"返回""前进""导航窗口"按钮，如图 A-16 所示。"返回"按钮的功能是返回前一界面，"前进"按钮的功能是切换到下一界面，"导航窗口"按钮的功能是显示监控的整体窗口。

图 A-16　"导航"菜单

2. 功能按钮行

功能按钮行中的大部分按钮的功能都与菜单栏中某功能按钮菜单中按钮的功能一致，只有几个新增按钮，分别是"图形编辑"按钮、"清闪"按钮、"音响复归"按钮，如图 A-17 所示。功能按钮行中各主要按钮的具体功能如表 A-1 所示。

图 A-17　功能按钮行

表 A-1　功能按钮行中各主要按钮的具体功能

序号	按钮图标	名称	具体功能
1		服务器连接	与"远程机"菜单中"断开""连接"按钮的功能一致，当该按钮为蓝色时，表示与服务器已连接；当该按钮为灰色时，表示与服务器断开连接
2		后退、前进	与"导航"菜单中"返回""前进"按钮的功能一致

序号	按钮图标	名称	具体功能
3	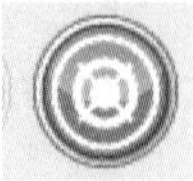	导航窗口	在 Graph 监控界面的右下角弹出一个缩小的 graph 整体界面，方便在图形过大的时候导航
4		打印	通过打印机将 graph 整体界面打印
5		ReOpenMess	弹出报文窗口，即 msgWin 窗口
6		比例缩放	用于实现 Graph 监控界面的比例缩放，与"查看"菜单中"原始大小""最合适大小"按钮的功能一致
7		图形编辑	编辑图形
8		五防解锁	解除五防，密码是 11111，与"选项"菜单中"投入防误操作措施"按钮的功能一致
9		清闪	可以使处于闪烁状态的光字牌转化为正常显示状态
10		音响复归	与控制盘上"音响复归"按钮的功能一致
11		汇报调度	向调度汇报的编辑窗口
12		结束操作	汇报终结后，单击此按钮以结束操作

3. Graph 监控界面的操作说明

（1）断路器、隔离开关的操作。

在 Graph 监控界面中，可以对断路器进行操作。以 110kV 金安Ⅰ线 103 断路器由合闸变分闸操作为例进行说明，如图 A-18 所示。单击 103 断路器，弹出"操作员+监护员[①]"输密码对话框，如图 A-19 所示。输入用户（操作人）名和监护人名，密码都是 1，单击"确定"按钮；弹出"操作员+监护员"建议操作对话框，如图 A-20 所示，单击"确认"按钮；

[①] 此处的操作员、监护员即为正文所说的操作人、监护人。

弹出"请确认！！"对话框，如图 A-21 所示，单击"OK"按钮，系统即可执行分闸操作，103 断路器由合闸变分闸操作完成。各电气参数、断路器位置、简报信息都会呈现相应的信息或者参数变化。隔离开关的分合操作方法与断路器一致，在 Graph 监控界面中不能对接地刀闸进行分合操作。

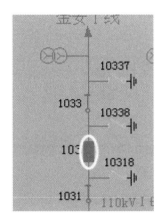

图 A-18　110kV 金安Ⅰ线 103 断路器

图 A-19　"操作员+监护员"对话框

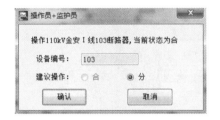

图 A-20　"操作员+监护员"建议操作
对话框

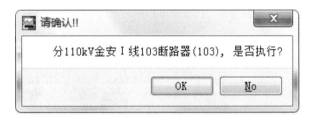

图 A-21　"请确认！！"对话框

（2）保护屏的操作。

如图 A-17 所示，在功能按钮行中单击"110、35 小室"按钮或者"10 小室"按钮进入保护室。保护室内包括 110kV 线路保护屏、35kV 线路保护屏、10kV 线路保护屏、主变保护屏、测控屏、直流屏、交流屏等。图 A-22 所示为"110、35 小室"内的各保护屏。

将鼠标移到各保护屏上变成小手形状，单击即可打开相应的保护屏，弹出的保护屏是经过缩小处理的整屏画面，画面上的内容需要放大才能看清楚。需要查看哪部分内容，即可在该部位右击，弹出一个放大的图片，查看完成后，双击右键，可以把放大的图片关掉。

① 空气开关的操作。

单击保护柜上屏的红色标牌，如"6P #1 主变微机保护测控屏"，进入 6P #1 主变微机保护测控屏，如图 A-23 所示。将鼠标移动到空气开关处，此时会出现"右击弹出新窗口"的提示，右击一下，可以看到空气开关的大图，如图 A-24 所示，在此大图中，清晰显示了各种空气开关，可以通过单击对其进行操作，通过右击对其进行巡视。

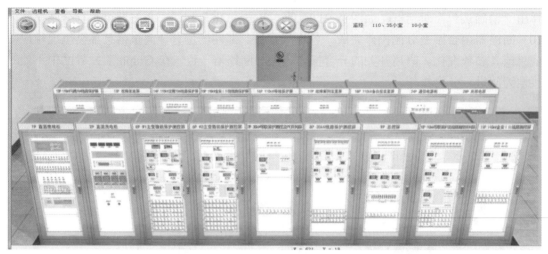

图 A-22 "110、35 小室"内的各保护屏

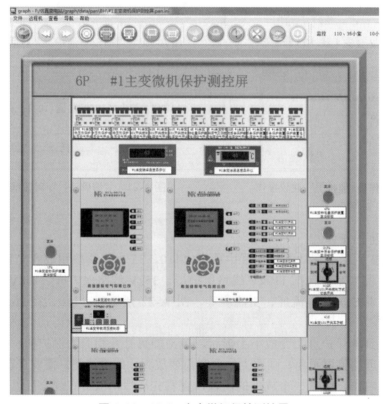

图 A-23 6P #1 主变微机保护测控屏

② 微机保护装置的操作。

将鼠标移动到任一微机保护装置处，此时会出现"右击弹出新窗口"的提示，右击一下，可以看到该微机保护装置的大图。图 A-25 所示为变压器差动保护装置，可以通过鼠标单击"↑""↓""←""→""确认""取消"按钮对微机保护装置进行操作，如检查电流、电压，查看跳闸报告、开关报告、保护定值等信息。

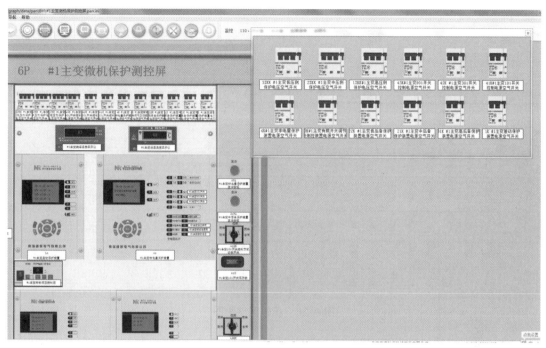

图 A-24　6P #1 主变微机保护测控屏的空气开关大图

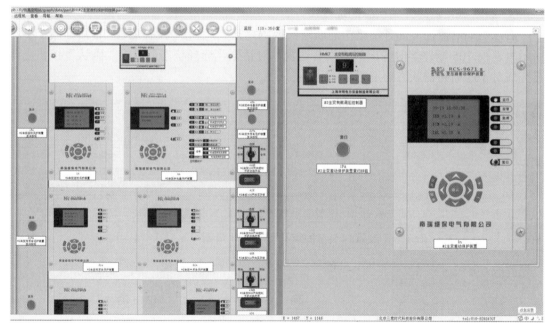

图 A-25　变压器差动保护装置

③ 压板的操作。

将鼠标移动到压板区域处，此时会出现"右击弹出新窗口"的提示，右击一下，可以看到压板区域的大图，如图 A-26 所示。若想要改变某压板的状态，则可单击该压板，压板由投入状态改为退出状态，或者由退出状态改为投入状态。

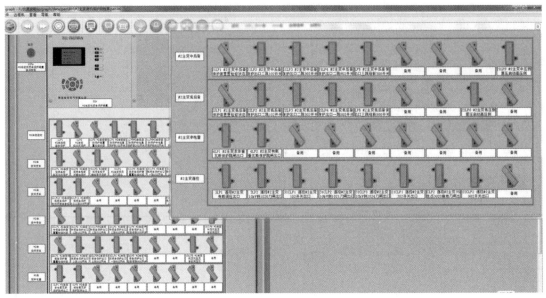

图 A-26　压板区域大图

（3）巡视操作。

Graph 监控界面上的巡视一般通过右击来实现。

① 断路器、隔离开关状态的巡视。

右击 Graph 监控界面各回路中的断路器或隔离开关，弹出"设备巡视"对话框。图 A-27 所示为巡视 105 断路器时弹出的"设备巡视"对话框，选择状态后单击"确认"按钮，即可完成对 105 断路器状态的巡视。

图 A-27　巡视 105 断路器时弹出的"设备巡视"对话框

② 电压、电流、功率的巡视。

对 Graph 监控界面各回路进行巡视时，通过右击各回路线路名称上面的数据，可弹出"设备巡视"对话框。图 A-28 所示为巡视#1 主变 110kV 侧 101A 相电流时弹出的"设备巡视"对话框，选择状态后单击"确认"按钮即可完成对该参数的巡视。

图 A-28　巡视#1 主变 110kV 侧 101A 相电流时弹出的"设备巡视"对话框

③ 各种开关状态的巡视。

右击要巡视的保护屏小空气开关、切换开关，弹出"设备巡视"对话框。图 A-29 所示为巡视#1 主变微机保护测控屏#1 主变低压侧保护电压空气开关时弹出的"设备巡视"对话框，选择状态后单击"确认"按钮即可完成对此空气开关的巡视。

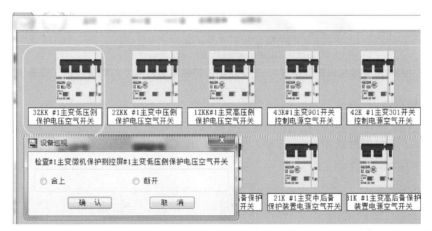

图 A-29　巡视#1 主变微机保护测控屏#1 主变低压侧保护电压空气开关时弹出的"设备巡视"对话框

④ 压板状态巡视。

右击要巡视的压板，弹出"设备巡视"对话框。图 A-30 所示为巡视#1 主变微机保护测控屏#1 主变投差动保护压板时弹出的"设备巡视"对话框，选择状态后单击"确认"按钮即可完成对此压板的巡视。

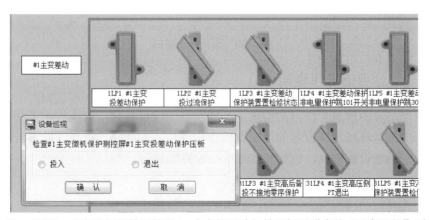

图 A-30　巡视#1 主变微机保护测控屏#1 主变投差动保护压板时弹出的"设备巡视"对话框

⑤ 保护装置指示灯的巡视。

右击要巡视的保护屏上的运行指示灯和告警灯，弹出"设备巡视"对话框。图 A-31 所示为巡视#1 主变微机保护测控屏#1 主变差动保护装置运行指示灯时弹出的"设备巡视"对话框，选择状态后单击"确认"按钮即可完成对此指示灯的巡视。

图 A-31 巡视#1 主变微机保护测控屏#1 主变差动保护装置运行指示灯时弹出的"设备巡视"对话框

（4）msgWin 窗口。

所有的设备操作和巡视内容在 msgWin 窗口（见图 A-32）中都有操作记录。若要保存此操作记录，拖动鼠标选中全部内容，按住"Ctrl+C"组合键，复制此操作记录，粘贴在 Word 文档中即可。

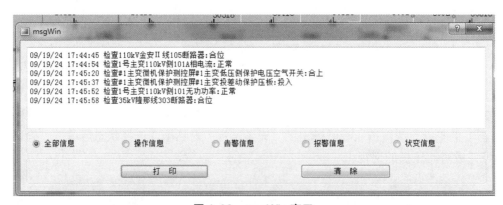

图 A-32 msgWin 窗口

四、仿真变电站界面操作说明

仿真变电站界面使整个变电站实现了全域实景三维可视化，直观展示了变电站整体布局，可进行变电站现场一次设备的巡视、操作等工作，如断路器操作、隔离开关操作、接地刀闸操作、现场设备巡视、验电、挂地线、设置围栏等。

1. 仿真变电站界面的功能按钮

（1）"远程机"功能按钮。

单击"远程机"功能按钮，即可打开"远程机"菜单。"远程机"菜单中包括"连接"

"断开""当前连接:"按钮,如图 A-33 所示。

单击"连接"按钮可以选择教员台程序(仿真系统的主程序)所在机器的 IP 地址,当仿真变电站界面连接上主程序后,"连接"按钮显示为灰色。

单击"断开"按钮,仿真变电站界面和当前的主程序断开连接。

将鼠标移到"当前连接:"按钮上方,会显示出当前连接的主程序所在机器的 IP 地址。若 IP 地址为 127.0.0.1,则表示当前和本机相连接。

图 A-33 "远程机"菜单

(2)"模式"功能按钮。

单击"模式"功能按钮,即可打开"模式"菜单。"模式"菜单中包括"运行模式""验电模式""挂地线""设围栏"按钮,如图 A-34 所示。

图 A-34 "模式"菜单

在运行模式下,单击设备可以对其进行各种操作,右击设备可以对其进行巡视。

在验电模式下,可以在仿真变电站界面中进行验电,前提是已在工具箱中正确选择验电工具。

在挂地线模式下,可以在仿真变电站界面中进行挂地线操作。

在设围栏模式下,可以在仿真变电站界面中进行围栏设置的操作。

(3)"工具"功能按钮。

单击"工具"功能按钮,弹出"已选工具栏"和"安全工具室"窗口,如图 A-35 所示,单击"安全工具室"窗口内的工具进行选择,被选择的工具会出现在"已选工具栏"窗口中,单击"OK"按钮,选择工具的过程会被记入操作记录。单击"已选工具栏"窗口中的工具,再单击"OK"按钮,就可以在任务完成后归还工具。

(4)"巡视记录"功能按钮。

单击"巡视记录"功能按钮,弹出"巡视记录"对话框,其中包括在仿真变电站界面中进行的选取工具、巡视等操作记录,如图 A-36 所示。

(5)"导航图"功能按钮。

单击"导航图"功能按钮,弹出电气主接线图,如图 A-37 所示,单击电气主接线图中的设备编号,场景会切换到该设备的正面标牌处。

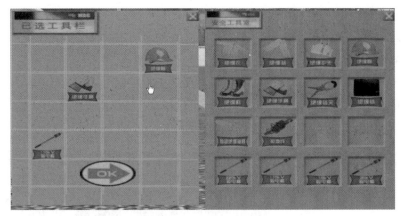

图 A-35　"已选工具栏"和"安全工具室"窗口

图 A-36　"巡视记录"对话框

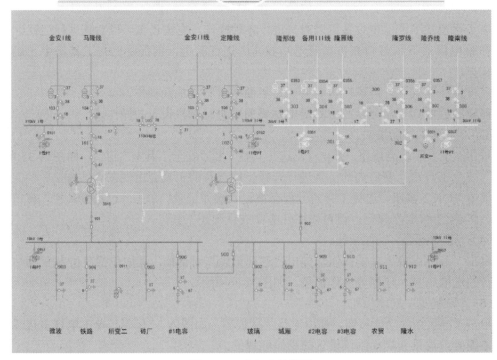

图 A-37　电气主接线图

（6）"帮助"功能按钮。

单击"帮助"功能按钮，弹出"操作提示"窗口，其中提示了在仿真变电站界面中如何应用鼠标、键盘进行前进、后退、旋转等操作，如图 A-38 所示。

（7）"天气"功能按钮。

单击"天气"功能按钮，即可打开"天气"菜单。"天气"菜单中包括"晴天""下雨""下雪"按钮，如图 A-39 所示，可以选择变电站运行期间的天气状况。

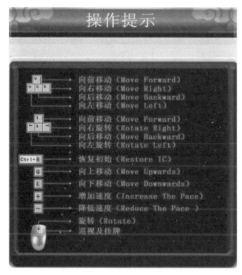

图 A-38　"操作提示"窗口

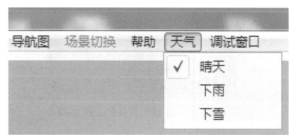

图 A-39　"天气"菜单

2.　设备操作举例

（1）断路器的分闸操作。

在电气主接线图中单击 103 断路器，界面切换至 103 断路器的正面标牌处，如图 A-40 所示。双击箱门面板，打开箱门，单击"就地远方"切换旋钮，将开关控制方式切换至"就地"，单击"分闸"按钮，使 103 断路器分闸，如图 A-41 所示。

图 A-40　103 断路器的正面标牌处

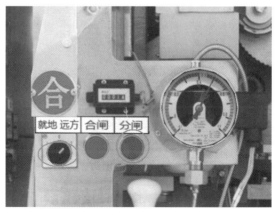

图 A-41　103 断路器分闸操作

（2）隔离开关的分闸操作。

在电气主接线图中单击 1033 隔离开关，界面切换至 1033 隔离开关的正面标牌处，如图 A-42 所示，单击锁头解锁，双击箱门面板，打开箱门，单击"就地/远方转换把手"按钮，1033 隔离开关控制方式切换至"就地"，单击"SB1 分闸按钮"，使 1033 隔离开关分闸，如图 A-43 所示。若手动操作，则单击"电动/手动转换把手"按钮，将其切换至"手动"位，单击摇把孔以插入摇把，右击摇把分合该隔离开关，动画结束后，右击摇把以摘除摇把。1031 隔离开关的分闸操作过程和 1033 隔离开关一样，不再赘述。

图 A-42　1033 隔离开关的正面标牌处

图 A-43　1033 隔离开关分闸操作

（3）10318 接地刀闸的操作。

在电气主接线图中单击 10318 接地刀闸，界面切换至 10318 接地刀闸的正面标牌处，如图 A-44 所示，单击锁头解锁，双击箱门面板，打开箱门，单击"就地/远方转换把手"按钮，10318 接地刀闸的控制方式切换至"就地"，单击"SB3 合闸按钮"，如图 A-45 所示，合上 10318 接地刀闸。

图 A-44　10318 接地刀闸的正面标牌处

图 A-45　10318 接地刀闸合闸操作

（4）10kV 手车式断路器的操作。

先在 Graph 监控图中操作分开 908 断路器，再在电气主接线图中单击 908 断路器编号，切换至"10kV 城厢线 908 断路器柜"，如图 A-46 所示。按照图 A-47 中的流程对断路器进行操作：单击摇把孔的锁头解锁，打开挡片，单击摇把孔以插入摇把，单击摇把，摇把转动，将断路器移至试验位，右击摇把以摘除摇把，单击柜门把手，双击柜门以打开柜门，如图 A-47（a）所示；柜门打开之后，单击航空插头保险后，单击航空插头将其拔下，单击"点此出小车"按钮，如图 A-47（b）所示；此时出现检修小车，如图 A-47（c）所示；单击拉杆固定检修小车，单击断路器拉手将断路器拉出至检修位，如图 A-47（d）所示；单击接地刀闸锁头解锁，打开挡片，拔下弹簧片，单击摇把孔以插入摇把，单击摇把，摇把转动使接地刀闸合闸，右击摇把以摘除摇把，如图 A-47（e）所示。

　　以上步骤是 10kV 手车式断路器由运行转检修的操作过程，若要进行由检修转运行操作，按照相反的步骤操作即可。

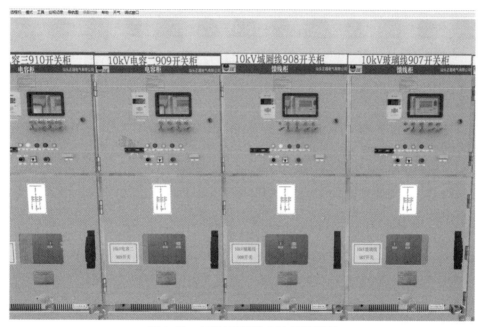

图 A-46　10kV 城厢线 908 断路器柜

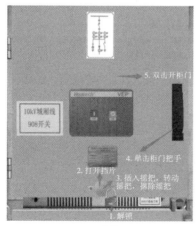

（a）步骤 1

（b）步骤 2

图 A-47　10kV 手车式断路器的操作流程

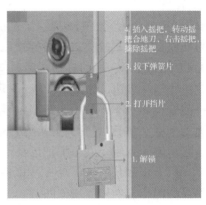

（c）步骤 3　　　　　　　　（d）步骤 4　　　　　　　　（e）步骤 5

图 A-47　10kV 手车式断路器的操作流程（续）

3. 设备巡视

在系统中设置故障后，对应的一次设备部分会出现异常现象，通过在仿真变电站界面中进行巡视可以发现这些异常现象。本仿真系统中可以进行的巡视项目有主变巡视、高压断路器巡视、低压断路器巡视、隔离开关巡视、电流互感器巡视、电压互感器巡视、母线电压互感器巡视等。巡视方法是把鼠标移到待巡视的设备上，当出现小手后右击，弹出巡视信息，选择相应的设备现象就完成了对该设备的巡视。

对断路器、隔离开关的巡视方法是将鼠标移动到断路器分合闸指示标牌处右击，在弹出的窗口中选择对应的设备现象。图 A-48 所示为巡视 110kV 金安Ⅰ线 103 断路器的分合情况，图 A-49 所示为巡视 110kV 金安Ⅰ线线路侧 1033 隔离开关 B 相的分合情况。

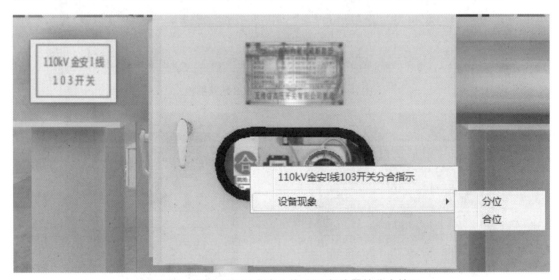

图 A-48　巡视 110kV 金安Ⅰ线 103 断路器的分合情况

对 SF$_6$ 压力表的巡视方法是将鼠标移动到 SF$_6$ 压力表开关处右击，在弹出的窗口中选择对应的设备现象，图 A-50 所示为巡视 110kV 金安Ⅰ线 103 断路器 SF$_6$ 压力表。

图 A-49　巡视 110kV 金安Ⅰ线线路侧 1033 隔离开关 B 相的分合情况

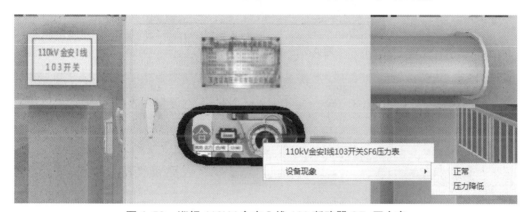

图 A-50　巡视 110kV 金安Ⅰ线 103 断路器 SF$_6$ 压力表

对设备主体的巡视方法是将鼠标移动到瓷瓶等处右击，选择对应的设备现象，图 A-51 所示为巡视 110kV 金安Ⅰ线 103 断路器 B 相瓷瓶。

图 A-51　巡视 110kV 金安Ⅰ线 103 断路器 B 相瓷瓶

对主变的巡视方法是将鼠标移动到相应的部件处右击，选择对应的设备现象。图 A-52 所示为巡视#1 主变整体，图 A-53 所示为巡视#1 主变本体瓦斯继电器，图 A-54 所示为巡视 #1 主变有载吸潮器，图 A-55 所示为巡视#1 主变绕组温度计，图 A-56 所示为巡视#1 主变油枕油位，图 A-57 所示为巡视#1 主变有载调压机构挡位计。

图 A-52　巡视#1 主变整体

图 A-53　巡视#1 主变本体瓦斯继电器

图 A-54　巡视#1 主变有载吸潮器

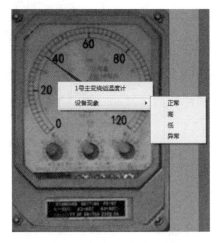

图 A-55　巡视#1 主变绕组温度计

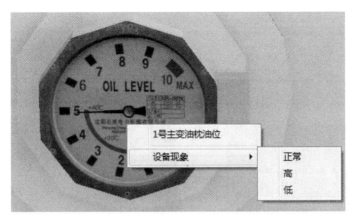

图 A-56   巡视#1 主变油枕油位

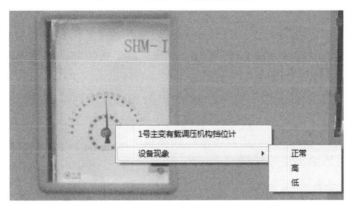

图 A-57   巡视#1 主变有载调压机构挡位计

4. 验电、挂地线、设围栏、挂牌等操作

（1）选择验电工具。

如图 A-35 所示，正确选择安全帽、绝缘手套、绝缘鞋（靴）、验电器、地线等安全工具，选择过程需要被保存至操作记录。

（2）验电操作。

在"模式"菜单中单击"验电模式"按钮，"验电模式"按钮前面出现"√"即表示已切换至验电模式，如图 A-58 所示。将验电器移动到需验电的设备上，右击提示该设备名称，单击该设备进行验电。图 A-59 所示的操作显示验电器上红色灯亮且有铃响，表示该设备带电，图 A-60 所示的操作显示验电器上红色灯不亮且没有铃响，表示该设备不带电。

图 A-58   切换至验电模式

图 A-59　验明设备带电操作

图 A-60　验明设备不带电操作

（3）挂地线操作。

在"模式"菜单中单击"挂地线"按钮，"挂地线"按钮前面出现"√"即表示已切换至挂地线模式，如图 A-61 所示。

按照电力系统运行规则，进行挂地线操作时要先解开接地端的五防锁，单击锁孔，按键盘上的 Q 键使画面上升，单击设备端即可成功挂地线，如图 A-62 所示。

进行拆除地线操作时，先右击设备端，按键盘上的 E 键使画面下降，再右击锁孔即可成功摘除地线，最后单击锁孔挂锁。

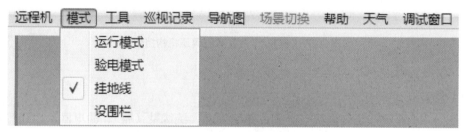

图 A-61　切换至挂地线模式

图 A-62　挂地线操作

（4）设围栏操作。

在"模式"菜单中单击"设围栏"按钮，"设围栏"按钮前面出现"√"即表示已切换至设围栏模式，如图 A-63 所示，同时出现图 A-64 所示的界面。

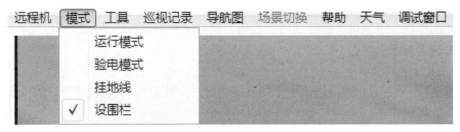

图 A-63　切换至设围栏模式

① 设置围栏。

将鼠标移动到需要设置围栏处单击，弹出图 A-65 所示的对话框，选择对应的断路器或隔离开关，在要设置的地面位置单击，即可设置围栏，围栏设置结束时右击结束，图 A-66 所示为已设置完成的围栏。

图 A-64　设围栏模式界面

图 A-65　"围栏记录"对话框

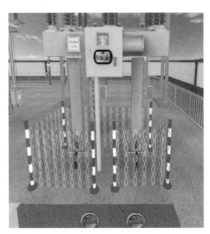

图 A-66　已设置完成的围栏

② 取消围栏。

在设置围栏过程中，若觉得围栏不合适，则可单击"取消围栏"按钮，设置的围栏就消失了，与删除围栏操作不同的是，取消围栏操作不对前面的设置围栏过程进行记录。

③ 删除围栏。

单击围栏后，再单击"删除围栏"按钮，围栏就被拆除了，该围栏的设置和删除的操作记录都被保存下来。

④ 围栏上挂牌。

右击围栏，在弹出的挂牌选项中选择要挂的牌；若要摘牌，右击挂牌处，选择摘牌即可。

（5）挂牌操作。

在仿真变电站界面中，一般在操作箱把手、操作杆、端子箱内保险等位置进行挂牌。进行挂牌时，右击要挂牌的隔离开关把手，在弹出的挂牌选项中，选择要挂的警示牌（小牌挂在箱体上，大牌挂在围栏上），如图 A-67 所示。

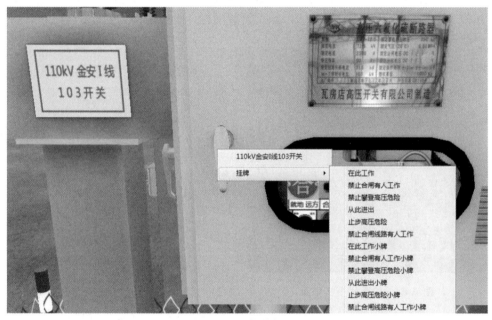

图 A-67　挂牌操作

参 考 文 献

[1] 杨娟，史俊华．电气运行[M]．2版．北京：中国电力出版社，2019．

[2] 王卫卫，杨军，戴海荣．电气运行[M]．北京：机械工业出版社，2014．

[3] 鲁珊珊，张兴然，张彬．电气运行[M]．北京：北京理工大学出版社，2020．

[4] 马爱芳，丁官元，李银玲．电气运行[M]．2版．郑州：黄河水利出版社，2022．

[5] 廖自强，鲁爱斌．变配电运维与检修[M]．北京：机械工业出版社，2022．

反侵权盗版声明